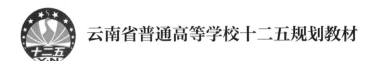
云南省普通高等学校十二五规划教材

大数据与计算机科学系列

大数据技术与应用方向

人工智能原理及应用

佘玉梅 段 鹏 编著

U0295353

上海交通大学出版社
SHANGHAI JIAO TONG UNIVERSITY PRESS

内容提要

  本书是云南省高等学校"十二五"规划教材,是作者在科学研究与教学实践的基础上,吸纳了国内外人工智能领域专家学者的经验,归纳、整理、提炼而形成的,主要讲述了人工智能的基本概念和基本原理,给出了在相应领域的算法及应用。全书共 8章,主要内容有:人工智能的基本概念、知识表示和问题求解、自动规划求解系统、机器学习、自然语言处理技术、智能信息处理技术、分布式人工智能和 Agent 技术、知识发现与数据挖掘等。

  本书可作为计算机类及相关专业本科高年级学生或研究生的教材,也可供从事计算机科学、人工智能等方面工作的科技人员参考。

图书在版编目(CIP)数据

人工智能原理及应用 / 佘玉梅,段鹏编著. —上海:
上海交通大学出版社, 2018
ISBN 978－7－313－18264－7

Ⅰ.①人…　Ⅱ.①佘…②段…　Ⅲ.①人工智能一高
等学校一教材　Ⅳ.①TP18

中国版本图书馆 CIP 数据核字(2017)第 249748 号

人工智能原理及应用

编　　著：佘玉梅　段　鹏
出版发行：上海交通大学出版社　　　　　　　地　　址：上海市番禺路 951 号
邮政编码：200030　　　　　　　　　　　　　电　　话：021－64071208
出 版 人：谈　毅
印　　制：上海景条印刷有限公司　　　　　　经　　销：全国新华书店
开　　本：787 mm×1092 mm　1/16　　　　　印　　张：13.25
字　　数：316 千字
版　　次：2018 年 12 月第 1 版　　　　　　　印　　次：2018 年 12 月第 1 次印刷
书　　号：ISBN 978－7－313－18264－7/TP
定　　价：42.00 元

前　言

　　人工智能是计算机科学中涉及研究、设计和应用智能机器的一个分支,是计算机科学、控制论、信息论、自动化、仿生学、生物学、语言学、神经生理学、心理学、数学、医学和哲学等多种学科相互渗透而发展起来的综合性的交叉学科和边缘学科。人工智能的基本目标是使机器不仅能模拟,而且可以延伸、扩展人的智能,更进一步的目标是制造出智能机器。人工智能自20世纪50年代中期诞生以来,取得了长足的发展。

　　随着人工智能时代的到来,对人工智能原理进行深入研究,对人工智能学科进行理论创新和应用创新,将有力地推动科学技术和经济社会的发展。为此,世界各国对人工智能的研究都十分重视,投入大量的人力、物力和财力,激烈争夺这一高新技术的制高点。计算机学科、自动化领域的学科及计算机应用密集的其他学科的学生掌握人工智能的基础知识,已经成为国内外许多高校提高学生综合素质,培养高水平、复合型和创新型人才的一项重要举措。

　　本书是在佘玉梅、段鹏编写的《人工智能及其应用》(上海交通大学出版社2007年出版)的基础上编写完成的,新增内容在40%左右。编写过程中,注意跟踪学科前沿,结合智能计算理论和应用的发展,根据作者多年的教学经验和体会,对教材结构和内容进行了重组,增加了相应的章节,加入一些实例、习题,让学生更易理解和掌握,进一步丰富和完善了教材内容。

　　本书力求深入浅出地对人工智能的基本原理及应用进行讨论,同时为读者提供学习和研究本学科的有效工具。全书分8章。第1章介绍人工智能的基本概念;第2章介绍知识表示和问题求解;第3章介绍自动规划求解系统;第4章介绍机器学习;第5章介

1

绍自然语言处理技术;第 6 章介绍智能信息处理技术;第 7 章介绍分布式人工智能和 Agent 技术;第 8 章介绍知识发现与数据挖掘等。其中第 1 章、第 2 章、第 3 章、第 4 章、第 5 章由佘玉梅撰稿,第 6 章、第 7 章、第 8 章由段鹏撰稿。

本书在写作过程中,得到了云南省教育厅和云南民族大学"十二五"规划教材建设项目的大力支持,同时得到了很多专家的指导和帮助。另外,书中部分定义、算法、模型、实例等内容,直接或间接地参考和引用了许多国内外专家和学者的文献资料,这些资料已在本书的主要参考文献中列出,在此一并表示衷心的感谢。

由于作者水平有限,加之人工智能发展较快,书中存在的错误、疏漏和不妥之处,恳请读者不吝赐教和批评指正。

佘玉梅　段鹏

2017 年 8 月

目　录

第1章 绪 论

人工智能(Artificial Intelligence,AI)是 20 世纪 50 年代中期兴起的一门边缘学科,是计算机科学中涉及研究、设计和应用智能机器的一个分支,是计算机科学、控制论、信息论、自动化、仿生学、生物学、语言学、神经生理学、心理学、数学、医学和哲学等多种学科相互渗透而发展起来的综合性的交叉学科和边缘学科。

人工智能在最近几年发展迅速,已经成为科技界和大众都十分关注的一个热点领域。尽管目前人工智能在发展过程中还面临着很多困难和挑战,但人工智能已经创造出了许多智能产品,并将在越来越多的领域制造出更多甚至是超过人类智能的产品,为改善人类的生活做出更大贡献。

1.1 人工智能概念和发展

1.1.1 人工智能的概念

智能指学习、理解并用逻辑方法思考事物,以及应对新的或者困难环境的能力。智能的要素包括: 适应环境,适应偶然性事件,能分辩模糊的或矛盾的信息,在孤立的情况中找出相似性,产生新概念和新思想。智能行为包括知觉、推理、学习、交流和在复杂环境中的行为。智能分为自然智能和人工智能。

自然智能指人类和一些动物所具有的智力和行为能力。人类智能是人类所具有的以知识为基础的智力和行为能力,表现为有目的的行为、合理的思维,以及有效地适应环境的综合性能力。智力是获取知识并运用知识求解问题的能力,能力则指完成一项目标或者任务所体现出来的素质。智能、智力和能力之间的关系与区别,如图 1-1 所示。

1. 什么是人工智能

人工智能是相对于人的自然智能而言的,从广义上解释就是"人造智能",指用人工的方法和技术在计算机上实现智能,以模拟、延伸和扩展人类的智能。由于人工智能是在机器上实现的,所以又称机器智能。

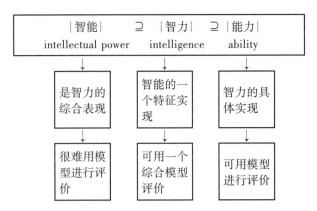

图 1-1 智能、智力和能力间的关系与区别

精确定义人工智能是件困难的事情,目前尚未形成公认、统一的定义,于是不同领域的研究者从不同的角度给出了不同的描述。

N.J. Nilsson 认为:人工智能是关于知识的科学,即怎样表示知识、怎样获取知识和怎样使用知识,并致力于让机器变得智能的科学。

P. Winston 认为:人工智能就是研究如何使计算机去做过去只有人才能做的富有智能的工作。

M. Minsky 认为:人工智能是让机器做本需要人的智能才能做到的事情的一门科学。

A. Feigenbaum 认为:人工智能是一个知识信息处理系统。

James Albus 说:"我认为,理解智能包括理解:知识如何获取、表达和存储;智能行为如何产生和学习;动机、情感和优先权如何发展和运用;传感器信号如何转换成各种符号,怎样利用各种符号执行逻辑运算,对过去进行推理及对未来进行规划,智能机制如何产生幻觉、信念、希望、畏惧、梦幻甚至善良和爱情等现象。我相信,对上述内容有一个根本的理解将会成为与拥有原子物理、相对论和分子遗传学等级相当的科学成就。"

尽管上面的论述对人工智能的定义各自不同,但可以看出,人工智能就其本质而言就是研究如何制造出人造的智能机器或智能系统,来模拟人类的智能活动,以延伸人们智能的科学。人工智能包括有规律的智能行为。有规律的智能行为是计算机能解决的,而无规律的智能行为,如洞察力、创造力,计算机目前还不能完全解决。

2. 如何判定机器智能

1)图灵测试

英国数学家和计算机学家艾伦·图灵(Alan Turing,见图 1-2)曾经做过一个很有趣的尝试,借以判定某一特定机器是否具有智能。这一尝试是通过所谓的"问答游戏"进行的。这种游戏要求某些客人悄悄藏到另一间房间里去。然后请留下来的人向这些藏起来的人提问题,并要他们根据得到的回答来判定与他对话的是一位先生还是一位女士。回答必须是间接的,必须有一个中间人把问题写在纸上,或者来回传话,或者通过电传打字机联系。图灵由此想到,同样可以通过与一台据称有智能的机器作回答来测试这台机器是否真有智能。

图 1-2 图灵

1950 年图灵提出了著名的图灵测试(Turing Test)。方法是分别由人和计算机来同时回答某人提出的各种问题。如果提问者辨别不出回答者是人还是机器,则认为通过了测试,并且说这台机器有智能。图灵自己也认为制造一台能通过图灵测试的计算机并不是一件容易的事。他曾预言,在 50 年以后,当计算机的存储容量达到 10^9 水平时,测试者有可能在连续交谈约 5 分钟后,以不超过 70% 的概率作出正确的判断。

"图灵测试"的构成:测试用计算机、被测试的人和主持测试的人。

方法:

(1) 测试用计算机和被测试的人分开去回答相同的问题。

(2) 把计算机和人的答案告诉主持人。

(3) 主持人若不能区别开答案是计算机回答的还是人回答的,就认为被测计算机和人的智力相当。

1991 年,美国塑料便携式迪斯科跳舞毯大亨休·洛伯纳(Hugh Loebner)赞助"图灵测试",并设立了洛伯纳奖(Loebner Prize),第一个通过一个无限制图灵测试的程序将获得 10 万元美金。对洛伯纳奖来说,人和机器都要回答裁决者提出的问题。每一台机器都试图让一群评审专家相信自己是真正的人类,扮演人的角色最好的那台机器将被认为是"最有人性的计算机"而赢得这个竞赛,而参加测试胜出的人则赢得"最有人性的人"大奖。在过去的 20 多年里,人工智能社群都会齐聚以图灵测试为主题的洛伯纳大奖赛,这是该领域最令人期待也最惹人争议的盛事。

2014 年 6 月一个俄罗斯团队开发了名为"Eugene Goostman"(见图 1-3)的人工智能聊天软件,它模仿的是一个来自乌克兰名为 Eugene Goostman 的 13 岁男孩。英国雷丁大学于图灵去世 60 周年纪念日当天,对这一软件进行了测试。据报道,在伦敦皇家学会进行的测试中,33% 的对话参与者认为,聊天的对方是一个人类,而不是计算机。英国雷丁大学的教授 Kevin Warwick 对英国媒体表示,此次"Eugene Goostman"的测试,并未事先确定话题,因此可以认为,这是人类历史上第一次计算机真正通过图灵测试。然而,有学者对这个结论提出了质疑,认为愚弄 30% 的裁判是一个很低的门槛,图灵预言到 2000 年计算机程序能在 5 分钟的文字交流中欺骗 30% 的人类裁判,这个预言并不是说欺骗 30% 的人就是通过图灵测试。图灵只是预测计算机在 50 年内会取得多大进展。图灵测试对智能标准作了简单的说明,但存在如下问题:

图 1-3 Eugene Goostman 聊天软件

（1）主持人提出的问题标准不明确。

（2）被测人的智能问题也没有明确说出。

（3）该测试仅强调结果，而未反映智能所具有的思维过程。

如果测试的是复杂的计算问题，则计算机可以比被测试的人更快更准确地得出正确答案。如果测试的问题是一些常识性的问题，人类可以非常轻松地处理，而对计算机来说却非常困难。

图灵测试的本质可以理解为计算机在与人类的博弈中体现出智能，虽然目前还没有机器人能够通过图灵测试，图灵的预言并没有完全实现，但基于国际象棋、围棋和扑克软件进行的人机大战，让人们看到了人工智能的进展。

1997 年 5 月 11 日，IBM 开发的能下国际象棋的"深蓝"计算机在正式比赛中战胜了国际象棋世界冠军卡斯帕罗夫，这是人与计算机之间挑战赛中历史性的一天。"深蓝"是并行计算的电脑系统，是美国 IBM 公司生产的一台超级国际象棋电脑，重 1 270 千克，有 32 个微处理器，另加上 480 颗特别制造的 VLSI 象棋芯片，每秒钟可以计算 2 亿步。下棋程序以 C 语言写成，运行 AIX 操作系统。"深蓝"输入了一百多年来优秀棋手的对局两百多万局，其算法的核心是基于穷举：生成所有可能的走法，然后执行尽可能深的搜索，并不断对局面进行评估，尝试找出最佳走法。深蓝的象棋芯片包含三个主要的组件：走棋模块（Move Generator）、评估模块（Evaluation Function）以及搜索控制器（Search Controller）。各个组件的设计都服务于"优化搜索速度"这一目标。"深蓝"可搜寻及估计随后的 12 步棋，而一名人类象棋好手大约可估计随后的 10 步棋（见图 1-4、图 1-5）。"深蓝"是仅在某一领域发挥特长的狭义人工智能的例子，而 AlphaGo 和"冷扑大师"则向通用人工智能迈进了一步。

图 1-4　IBM"深蓝"超级计算机

图 1-5　卡斯帕罗夫与"深蓝"

2016 年 3 月，由谷歌（Google）旗下 Deep Mind 公司的杰米斯·哈萨比斯与他的团队开发的以"深度学习"作为主要工作原理的围棋人工智能程序阿尔法狗（AlphaGo），与围棋世界冠军、职业九段选手李世石进行人机大战，并以 4：1 的总比分获胜（见图 1-6）。2016 年末 2017 年初，该程序在中国棋类网站上以"大师"（Master）为注册账号与中日韩数十位围棋高手进行快棋对决，连续 60 局无一败绩。2017 年 1 月，谷歌 Deep Mind 公司 CEO 哈萨比斯在德国慕尼黑 DLD（数字、生活、设计）创新大会上宣布推出真正 2.0 版本的阿尔法狗。其特点是摒弃了人类棋谱,靠深度学习的方式成长起来挑战围棋的极限。在战胜李世石一年后, 2017 年 5 月 23—27 日,AlphaGo 在浙江乌镇挑战世界围棋第一人中国选手柯洁九段,以 3∶0 战胜对手(见图 1-7)。

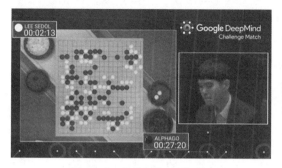

图 1-6 李世石与 AlphaGo

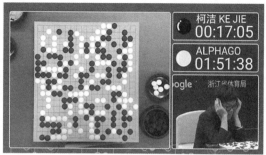

图 1-7 柯洁与 AlphaGo

　　相较于国际象棋或是围棋等所谓的"完美信息"游戏,扑克玩家彼此看不到对方的底牌,是一种包含着很多隐性信息的"非完美信息"游戏,也因此成为各式人机对战形式中,人工智能所面对最具挑战性的研究课题。2017 年 1 月,由卡内基梅隆大学 Tuomas Sandholm 教授和博士生 Noam Brown 所开发的 Libratus 扑克机器人——"冷扑大师",在美国匹兹堡对战四名人类顶尖职业扑克玩家并大获全胜,成为继 AlphaGo 对战李世石后人工智能领域的又一里程碑级事件。2017 年 4 月 6—10 日,由创新工场 CEO 暨创新工场人工智能工程院院长李开复博士发起,邀请 Libratus 扑克机器人主创团队访问中国,在海南进行了一场"冷扑大师 V.S.中国龙之队——人工智能和顶尖牌手巅峰表演赛"。"中国龙之队"由中国扑克高手杜悦带领,这也是亚洲首度举办的人工智能与真人对打的扑克赛事,人工智能"冷扑大师"最终以 792 327 总记分牌的战绩完胜并赢得 200 万元奖金(见图 1-8)。

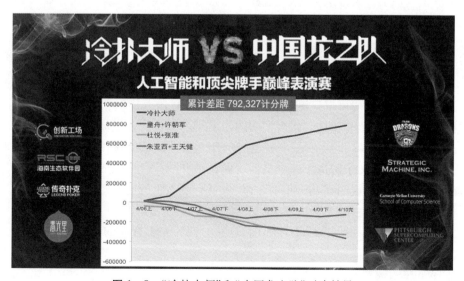

图 1-8 "冷扑大师"和"中国龙之队"对决结果

"冷扑大师"发明人、卡内基梅隆大学 Tuomas Sandholm 教授介绍,"冷扑大师"采取的古典线性计算,主要运用了三种全新算法,包括比赛前采用近于纳什均衡策略的计算(Nash Equilibrium Strategies)、每手牌中运用终结解决方案(Endgame Solving)以及根据对手能被识别和利用的漏洞,持续优化战略打得更为趋近平衡。这个算法模型不限扑克,可以应用在各个真实生活和商业应用领域,应对各种需要解决不完美信息的战略性推理场景。"冷扑大师"相对于"阿尔法狗"的不同在于,前者不需要提前背会大量棋(牌)谱,也不局限于在公开的完美信息场景中进行运算,而是从零开始,基于扑克游戏规则针对游戏中对手劣势进行自我学习,并通过博弈论来衡量和选取最优策略。这也是"冷扑大师"在比赛后程越战越勇,让人类玩家难以抵挡的原因之一。

2)中文屋子问题

如果一台计算机通过了图灵测试,那么它是否真正理解了问题呢?美国哲学家约翰·希尔勒对此提出了否定意见。为此,希尔勒利用罗杰·施安克编写的一个故事理解程序(该程序可以在"阅读"一个英文写的小故事之后,回答一些与故事有关的问题),提出了中文屋子问题。

希尔勒首先设想的故事不是用英文,而是用中文写的。这一点对计算机程序来说并没有太大的变化,只是将针对英文的处理改变为处理中文即可。希尔勒想象自己在一个屋子里完全按照施安克的程序进行操作,因此最终得到的结果是中文的"是"或"否",并以此作为对中文故事的问题的回答。希尔勒不懂中文,只是完全按程序完成了各种操作,他并没有理解故事中的任何一个词,但给出的答案与一个真正理解这个故事的中国人给出的一样好。由此,希尔勒得出结论:即便计算机给出了正确答案,顺利通过了图灵测试,但计算机也没有理解它所做的一切,因此也就不能体现出任何智能。

3. 图灵测试的应用

人们根据计算机难以通过图灵测试的特点,逆向地使用图灵测试,有效地解决了一些难题。如在网络系统的登录界面上,随机地产生一些变形的英文单词或数字作为验证码,并加上比较复杂的背景,登录时要求正确地输入这些验证码,系统才允许登录。而当前的模式识别技术难以正确识别复杂背景下变形比较严重的英文单词或数字,这点人类却很容易做到,这样系统就能判断登录者是人还是机器,从而有效地防止了利用程序对网络系统进行的恶意攻击。

1.1.2　人工智能的发展简史

人工智能的研究历史可以追溯到遥远的过去。在我国西周时代,巧匠偃师为周穆王制造歌舞机器人的传说。东汉时期,张衡发明的指南车可以认为是世界上最早的机器人雏形。公元前 3 世纪和公元前 2 世纪在古希腊也有关于机器卫士和玩偶的记载。1768—1774 年间,瑞士钟表匠德罗思父子制造了三个机器玩偶,分别能够写字、绘画和演奏风琴,它们是由弹簧和凸轮驱动的。这说明在几千年前,古代人就有了人工智能的幻想。

1. 孕育期

人工智能的孕育期一般指 1956 年以前,这一时期为人工智能的产生奠定了理论和计算工具的基础。

1)问题的提出

1900 年,世纪之交的数学家大会在巴黎召开,数学家大卫·希尔伯特(David Hilbert,见

图 1－9)庄严地向全世界数学家们宣布了 23 个未解决的难题。这
23 道难题道道经典,而其中的第二问题和第十问题则与人工智能
密切相关,并最终促成了计算机的发明。因此,有人认为是 20 世纪
初期的数学家,用方程推动了整个世界。

图 1－9　希尔伯特

被后人称为希尔伯特纲领的希尔伯特的第二问题是数学系统中应
同时具备一致性和完备性。希尔伯特的第二问题的思想,即数学真理
不存在矛盾,任何真理都可以描述为数学定理。他认为可以运用公理
化的方法统一整个数学,并运用严格的数学推理证明数学自身的正确
性。希尔伯特第十问题的表述是:"是否存在着判定任意一个丢番图方
程有解的机械化运算过程。"后半句中的"机械化运算过程"就是算法。

捷克数学家库尔特·哥德尔(Kurt Godel,见图 1－10)致力于攻
克第二问题。他很快发现,希尔伯特第二问题的断言是错的,其根本问题是它的自指性。他
通过后来被称为"哥德尔句子"的悖论句,证明了任何足够强大的数学公理系统都存在着瑕

图 1－10　哥德尔

疵,一致性和完备性不能同时具备,这便是著名的哥德尔定理。
1931 年库尔特·哥德尔提出了被美国《时代周刊》评选为 20 世纪
最有影响力的数学定理:哥德尔不完备性定理,推动了整个数学的
发展。在哥德尔的原始论文中,所有的表述是严格的数学语言。哥
德尔句子可以通俗地表述为:本数学命题不可以被证明,句子:"我
在说谎"也是哥德尔句子。

图灵被希尔伯特的第十问题深深地吸引了。图灵设想出了一
个机器——图灵机,它是计算机的理论原型,圆满地刻画出了机械
化运算过程的含义,并最终为计算机的发明铺平了道路。

图灵机模型(见图 1－11)形象地模拟了人类进行计算的过程,
图灵机模型一经提出就得到了科学家们的认可。1950 年,图灵发
表了题为《计算机能思考吗?》的论文,论证了
人工智能的可能性,并提出了著名的"图灵测
试",推动了人工智能的发展。1951 年,他被
选为英国皇家学会会员。

对于是否存在真正的人工智能或者说是
否能够造出智力水平与人类相当甚至超过人
类的智能机器,一直存在着争论。一类观点认
为:如果把人工智能看作一个机械化运作的
数学公理系统,那么根据哥德尔定理,必然存
在着某种人类可以构造但机器无法求解的问
题,因此人工智能不可能超过人类。另一类观
点认为:人脑对信息的处理过程不是一个固
定程序,随着机器学习、特别是深度学习取得
的成功,使得程序能够以不同的方式、不断地
改变自己,真正的人工智能是可能的。

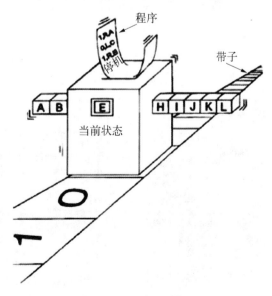

图 1－11　图灵机模型

2）计算机的产生

法国人帕斯卡（见图1-12）于17世纪制造出一种机械式加法机（见图1-13），它是世界上第一台机械式计算机。

图1-12　帕斯卡　　　　　　　　　　图1-13　帕斯卡制造的加法机

德国数学家莱布尼兹（见图1-14）发明了乘法计算机（见图1-15），他受中国易经八卦的影响，最早提出二进制运算法则。

图1-14　莱布尼兹　　　　　　　　　图1-15　莱布尼兹发明的乘法计算机

英国人查尔斯·巴贝奇（见图1-16）研制出差分机（见图1-17）和分析机（见图1-18），为现代计算机设计思想的发展奠定了基础。

图1-16　巴贝奇　　　　图1-17　差分机　　　　　　　图1-18　分析机

德国科学家朱斯(见图 1 - 19)于 20 世纪 30 年代开始研制著名的 Z 系列计算机(见图 1 - 20)。

图 1 - 19　朱斯

图 1 - 20　Z - 3 计算机

香农(见图 1 - 21)是信息论的创始人,他于 1938 年首次阐明了布尔代数在开关电路上的作用。信息论的出现,对现代通信技术和电子计算机的设计产生了巨大的影响。如果没有信息论,现代的电子计算机是不可能研制成功的。

1946 年 2 月 15 日,世界上第一台通用电子数字计算机"埃尼阿克"(ENIAC)研制成功(见图 1 - 22)。"埃尼阿克"的研制成功,是计算机发展史上的一座纪念碑,是人类在发展计算技术历程中的一个新的起点。

图 1 - 21　香农

图 1 - 22　世界上第一台电子计算机"埃尼阿克"

以上这一切都为人工智能学科的诞生做出了理论和实验工具上的巨大贡献。1956 年夏,由年轻的数学助教约翰·麦卡锡(John McCarthy)和他的三位朋友马文·明斯基(Marvin Minsky)、纳撒尼尔·罗切斯特(Nathaniel Rochester)和克劳德·香农(Claude Shannon)共同发起,邀请艾伦·纽尔(Allen Newell)和赫伯特·西蒙(Herbert Simon)等科学家在美国的 Dartmouth 大学组织了一个夏季学术讨论班,历时 2 个月。参加会议的都是在数学、神经生理学、心理学和计算机科学等领域中从事教学和研究工作的学者,在会上第一次正式使用了人工智能这一术语,从而开创了人工智能这个研究学科。

2. AI 的基础技术的研究和形成时期

AI 的基础技术的研究和形成时期是指 1956—1970 年期间。1956 年纽厄尔和西蒙等首先合作研制成功"逻辑理论机"（The Logic Theory Machine）。该系统是第一个处理符号而不是处理数字的计算机程序，是机器证明数学定理的最早尝试。

1956 年，另一项重大的开创性工作是塞缪尔研制成功"跳棋程序"。该程序具有自改善、自适应、积累经验和学习等能力，这是模拟人类学习和智能的一次突破。该程序于 1959 年击败了它的设计者，1963 年又击败了美国的一个州的跳棋冠军。

1960 年，纽厄尔和西蒙又研制成功"通用问题求解程序（General Problem Solving，GPS）系统"，用来解决不定积分、三角函数、代数方程等十几种性质不同的问题。

1960 年，麦卡锡提出并研制成功"表处理语言 LISP"，它不仅能处理数据，而且可以更方便地处理符号，适用于符号微积分计算、数学定理证明、数理逻辑中的命题演算、博弈、图像识别以及人工智能研究的其他领域，从而武装了一代人工智能科学家，是人工智能程序设计语言的里程碑，至今仍然是研究人工智能的良好工具。

1965 年，被誉为"专家系统和知识工程之父"的费根鲍姆（Feigenbaum）和他的团队开始研究专家系统，并于 1968 年研究成功第一个专家系统 DENDRAL，用于质谱仪分析有机化合物的分子结构，为人工智能的应用研究做出了开创性贡献。

1969 年召开了第一届国际人工智能联合会议（International Joint Conference on AI，IJCAI），1970 年《人工智能国际杂志》（*International Journal of AI*）创刊，标志着人工智能作为一门独立学科登上了国际学术舞台，并对促进人工智能的研究和发展起到了积极作用。

3. AI 发展和实用阶段

AI 发展和实用阶段是指 1971—1980 年期间。在这一阶段，多个专家系统被开发并投入使用，有化学、数学、医疗、地质等方面的专家系统。

1975 年美国斯坦福大学开发了 MYCIN 系统，用于诊断细菌感染和推荐抗生素使用方案。MYCIN 是一种使用了人工智能的早期模拟决策系统，由研究人员耗时 5~6 年开发而成，是后来专家系统研究的基础。

1976 年，凯尼斯·阿佩尔（Kenneth Appel）和沃夫冈·哈肯（Wolfgang Haken）等人利用人工和计算机混合的方式证明了一个著名的数学猜想：四色猜想（现在称为四色定理）。即对于任意的地图，最少仅用四种颜色就可以使该地图着色，并使得任意两个相邻国家的颜色不会重复；然而证明起来却异常烦琐。配合着计算机超强的穷举和计算能力，阿佩尔等人证明了这个猜想。

1977 年，第五届国际人工智能联合会会议上，费根鲍姆（Feigenbaum）教授在一篇题为《人工智能的艺术：知识工程课题及实例研究》的特约文章中系统地阐述了专家系统的思想，并提出了"知识工程"的概念。

4. 知识工程与机器学习发展阶段

知识工程与机器学习发展阶段指 1981—1990 年代初这段时期。知识工程的提出，专家系统的初步成功，确定了知识在人工智能中的重要地位。知识工程不仅仅对专家系统发展影响很大，而且对信息处理的所有领域都将有很大的影响。知识工程的方法很快渗透到人工智能的各个领域，促进了人工智能从实验室研究走向实际应用。

学习是系统在不断重复的工作中对本身的增强或者改进，使得系统在下一次执行同样任务或类似任务时,比现在做得更好或效率更高。

从 20 世纪 80 年代后期开始,机器学习的研究发展到了一个新阶段。在这个阶段,联结学习取得很大成功;符号学习已有很多算法不断成熟,新方法不断出现,应用扩大,成绩斐然;有些神经网络模型能在计算机硬件上实现,使神经网络有了很大发展。

5. 智能综合集成阶段

智能综合集成阶段指 20 世纪 90 年代至今,这个阶段主要研究模拟智能。

第五代电子计算机称为智能电子计算机。它是一种有知识、会学习、能推理的计算机,具有理解自然语言、声音、文字和图像的能力,并且具有说话的能力,使人机能够用自然语言直接对话。它可以利用已有的和不断学习到的知识,进行思维、联想、推理,并得出结论,能解决复杂问题,具有汇集、记忆、检索有关知识的能力。智能计算机突破了传统的冯·诺伊曼式机器的概念,舍弃了二进制结构,把许多处理机并联起来,并行处理信息,速度大大提高。它的智能化人机接口使人们不必编写程序,人们只需发出命令或提出要求,计算机就会完成推理和判断,并且给出解释。1988年,第五代计算机国际会议召开。1991 年,美国加州理工学院推出了一种大容量并行处理系统,528 台处理器并行工作,其运算速度可达到每秒 320 亿次浮点运算。图 1 - 23 为IBM 公司制造的一种并行计算机试验床,可模拟各种并行计算机的结构。

图 1 - 23　IBM 公司制造的一种并行计算机试验床

第六代电子计算机将被认为是模仿人的大脑判断能力和适应能力,并具有可并行处理多种数据功能的神经网络计算机(见图 1 - 24、图 1 - 25)。与以逻辑处理为主的第五代计算机不同,它本身可以判断对象的性质与状态,并能采取相应的行动,而且它可同时并行处理实时变化的大量数据,并引出结论。以往的信息处理系统只能处理条理清晰、经络分明的数

图 1 - 24　神经网络计算机

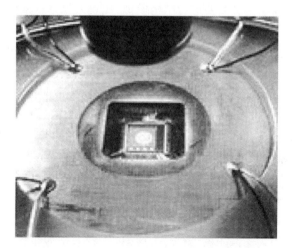

图 1 - 25　对大规模神经集成电路进行检测

据,而人的大脑却具有能处理支离破碎、含糊不清的信息的灵活性,第六代电子计算机将具有类似人脑的智慧和灵活性。

20 世纪 90 年代后期,互联网技术的发展为人工智能的研究带来了新的机遇,人们从单个智能主题研究转向基于网络环境的分布式人工智能研究。1996 年深蓝战胜了国际象棋世界冠军卡斯帕罗夫成为人工智能发展的标志性事件。

21 世纪初至今,深度学习带来人工智能的春天,随着深度学习技术的成熟,人工智能正在逐步从尖端技术慢慢变得普及。大众对人工智能最深刻的认识就是 2016 年 AlphaGo 和李世石的对弈。2017 年 5 月 27 日,阿尔法狗(AlphaGo)与柯洁的世纪大战,再次以人类的惨败告终。人工智能的存在,能够让 AlphaGo 的围棋水平在学习中不断上升。

1.2 人工智能的研究学派

1.2.1 符号主义

符号主义(Symbolism)又称逻辑主义(Logicism)、心理学派(Psychlogism)或计算机派(Computerism),其理论主要包括物理符号系统(即符号操作系统)假设和有限合理性原理。

符号主义认为可以从模拟人脑功能的角度来实现人工智能,代表人物是纽厄尔、西蒙等。认为人的认知基元是符号,而且认知过程就是符号操作过程,智能行为是符号操作的结果。该学派认为人是一个物理符号系统,计算机也是一个物理符号系统,因此,存在可能用计算机来模拟人的智能行为,即用计算机通过符号来模拟人的认知过程。

1.2.2 联结主义

联结主义(Connectionism)又称为仿生学派(Bionicicism)或生理学派(Physiologism),其理论主要包括神经网络及神经网络间的连接机制和学习算法。

联结主义主要进行结构模拟,代表人物是麦卡洛克等。认为人的思维基元是神经元,而不是符号处理过程,认为大脑是智能活动的物质基础,要揭示人类的智能奥秘,就必须弄清大脑的结构,弄清大脑信息处理过程的机理。并提出了联结主义的大脑工作模式,用于取代符号操作的电脑工作模式。

英国《自然杂志》主编坎贝尔博士说,目前信息技术和生命科学有交叉融合的趋势,如AI 的研究就需要从生命科学的角度揭开大脑思维的机理,需要利用信息技术模拟实现这种机理。

1.2.3 行为主义

行为主义(Actionism)又称进化主义(Evolutionism)或控制论学派(Cyberneticicism)。其理论主要包括控制论及感知再到动作型控制系统。

行为主义主要进行行为模拟,代表人物为布鲁克斯等。认为智能行为只能在现实世界中与周围环境交互作用而表现出来,因此用符号主义和联结主义来模拟智能显得有些与事实不相吻合。这种方法通过模拟人在控制过程中的智能活动和行为特性,如自寻优、自适应、自学习、自组织等,来研究和实现人工智能。

1.3 人工智能的研究目标

人工智能的研究目标可分为远期目标和近期目标。

人工智能的近期目标是研究依赖于现有计算机去模拟人类某些智力行为的基本原理、基本技术和基本方法。即先部分或某种程度地实现机器的智能,从而使现有的计算机更灵活、更好用和更有用,成为人类的智能化信息处理工具。

人工智能的远期目标是研究如何利用自动机去模拟人的某些思维过程和智能行为,最终造出智能机器。具体来讲,就是要使计算机具有看、听、说、写等感知和交互功能,具有联想、推理、理解、学习等高级思维能力,还要有分析问题、解决问题和发明创造的能力。简言之,也就是使计算机像人一样具有自动发现规律和利用规律的能力,或者说具有自动获取知识和利用知识的能力,从而扩展和延伸人的智能。

1.4 人工智能的研究领域

人工智能的主要目的是用计算机来模拟人的智能。人工智能的研究领域包括模式识别、问题求解、机器视觉、自然语言理解、自动定理证明、自动程序设计、博弈、专家系统、机器学习、机器人等。

当前人工智能的研究已取得了一些成果,如自动翻译、战术研究、密码分析、医疗诊断等,但距真正的智能还有很长的路要走。

1.4.1 模式识别

模式识别(Pattern Recognition)是 AI 最早研究的领域之一,主要是指用计算机对物体、图像、语音、字符等信息模式进行自动识别的科学。

"模式"的原意是提供模仿用的完美无缺的标本,"模式识别"就是用计算机来模拟人的各种识别能力,识别出给定的事物与哪一个标本相同或者相似。

模式识别的基本过程包括:对待识别事物进行样本采集、信息的数字化、数据特征的提取、特征空间的压缩以及提供识别的准则等,最后给出识别的结果。在识别过程中需要学习过程的参与,这个学习的基本过程是先将已知的模式样本进行数值化,送入计算机,然后将这些数据进行分析,去掉对分类无效的或可能引起混淆的那些特征数据,尽量保留对分类判别有效的数值特征,经过一定的技术处理,制订出错误率最小的判别准则。

当前模式识别主要集中于图形识别和语音识别。图形识别主要是研究各种图形(如文字、符号、图形、图像和照片等)的分类。例如识别各种印刷体和某些手写体文字,识别指纹、白血球和癌细胞等。这方面的技术已经进入实用阶段。

语音识别主要研究各种语音信号的分类。语音识别技术近年来发展很快,现已有商品化产品(如汉字语音录入系统)上市。图1-26为扫描仪;图1-27为IBM公司研制的语音识别系统。

图 1-26　扫描仪是汉字识别的基本设备之一

图 1-27　IBM公司研制的语言识别系统

1.4.2　自动定理证明

自动定理证明(Automatic Theorem Proving)是指利用计算机证明非数值性的结果,即确定它们的真假值。

在数学领域中对臆测的定理寻求一个证明,一直被认为是一项需要智能才能完成的任务。定理证明时,不仅需要有根据假设进行演绎的能力,而且需要有某种直觉和技巧。

早期研究数值系统的机器是1926年由美国加州大学伯克利分校制作的(见图1-28)。这架机器由锯木架、自行车链条和其他材料构成,是一台专用的计算机。它可用来快速解决某些数论问题。素性检验,即分辨一个数是素数还是合数,是这些数论问题中最重要的问题之一。一个问题的数值解所应满足的条件可通过在自行车链条的链节内插入螺栓来指定。

自动定理证明的方法主要有四类:

1) 自然演绎法

它的基本思想是依据推理规则,从前提和公理中可以推出许多定理,如果待证的定理恰在其中,则定理得证。

图 1-28　早期的自动定理证明机

2) 判定法

它对一类问题找出统一的计算机上可实现的算法解。在这方面一个著名的成果是我国数学家吴文俊教授于1977年提出的初等几何定理证明方法。

3) 定理证明器

它研究一切可判定问题的证明方法。

4）计算机辅助证明

它以计算机为辅助工具,利用机器的高速度和大容量,帮助人完成手工证明中难以完成的大量计算、推理和穷举。

1976 年,美国伊利诺斯大学哈肯和阿佩尔,在两台不同的计算机上,用了 1 200 小时,进行了 100 亿次判断,终于完成了四色定理的证明,解决了这个存在了 100 多年的难题,轰动了世界。

1.4.3 机器视觉

机器感知就是计算机直接"感觉"周围世界。具体来讲,就是计算机像人一样通过"感觉器官"直接从外界获取信息,如通过视觉器官获取图形、图像信息,通过听觉器官获取声音信息。

机器视觉（Machine Vision）研究为完成在复杂的环境中运动和在复杂的场景中识别物体需要哪些视觉信息以及如何从图像中获取这些信息。

1.4.4 专家系统

专家系统（Expert System）是一个能在某特定领域内,以人类专家水平去解决该领域中困难问题的计算机应用系统。其特点是拥有大量的专家知识（包括领域知识和经验知识）,能模拟专家的思维方式,面对领域中复杂的实际问题,能作出专家水平的决策,像专家一样解决实际问题。这种系统主要用软件实现,能根据形式的和先验的知识推导出结论,并具有综合整理、保存、再现与传播专家知识和经验的功能。

专家系统是人工智能的重要应用领域,诞生于 20 世纪 60 年代中期,经过 20 世纪 70 年代和 80 年代的较快发展,现在已广泛应用于医疗诊断、地质探矿、资源配置、金融服务和军事指挥等领域。

1.4.5 机器人

机器人（Robots）是一种可编程序的多功能的操作装置。机器人能认识工作环境、工作对象及其状态,能根据人的指令和"自身"认识外界的结果来独立地决定工作方法,实现任务目标,并能适应工作环境的变化。

随着工业自动化和计算机技术的发展,到 20 世纪 60 年代机器人开始进入批量生产和实际应用的阶段。后来由于自动装配、海洋开发、空间探索等实际问题的需要,对机器的智能水平提出了更高的要求。特别是危险环境以及人们难以胜任的场合更迫切需要机器人,从而推动了智能机器的研究。在科学研究上,机器人为人工智能提供了一个综合实验场所,它可以全面地检查人工智能各个领域的技术,并探索这些技术之间的关系。可以说机器人是人工智能技术的全面体现和综合运用。

1.4.6 自然语言处理

自然语言处理又称为自然语言理解,就是计算机理解人类的自然语言,如汉语、英语等,并包括口头语言和文字语言两种形式。它采用人工智能的理论和技术将设定的自然语言机理用计算机程序表达出来,构造能理解自然语言的系统（见图 1－29）,通常分为书面语的理解、口语的理解、手写文字的识别三种情况。

自然语言理解的标志为：

（1）计算机能成功地回答输入语料中的有关问题。

（2）在接受一批语料后，有对此给出摘要的能力。

（3）计算机能用不同的词语复述所输入的语料。

（4）有把一种语言转换成另一种语言的能力，即机器翻译功能。

1.4.7 博弈

图 1-29 可接受声音指令的计算机语言理解系统，并可与人进行对话交流

在经济、政治、军事和生物竞争中，一方总是力图用自己的"智力"击败对手。博弈就是研究对策和斗智的。

在人工智能中大多以下棋为例来研究博弈规律，并研制出了一些很著名的博弈程序。20 世纪 60 年代就出现了很有名的西洋跳棋和国际象棋的程序，并达到了大师级水平。进入 20 世纪 90 年代，IBM 公司以其雄厚的硬件基础，开发了名为"深蓝"的计算机，该计算机配置了下国际象棋的程序，并为此开发了专用的芯片，以提高搜索速度。1996 年 2 月，"深蓝"与国际象棋世界冠军卡斯帕罗夫进行了第一次比赛，经过六个回合的比赛之后，"深蓝"以 2∶4 告负。1997 年 5 月，系统经过改进以后，"深蓝"又第二次与卡斯帕罗夫交锋，并最终以 3.5∶2.5 战胜了卡斯帕罗夫，在世界范围内引起了轰动。之前，卡斯帕罗夫曾与"深蓝"的前辈"深思"对弈，虽然最终取胜，但也失掉几盘棋。与"深思"相比，"深蓝"采用了新的算法，它可计算到后 15 步，但是对于利害关系很大的走法将算到 30 步以后。而国际大师一般只想到 10 步或 11 步之远，在这个方面电子计算机已拥有能够向人类挑战的智力水平。

博弈为人工智能提供了一个很好的试验场所，人工智能中的许多概念和方法都是从博弈中提炼出来的。

1.4.8 人工神经网络

人工神经网络就是由简单单元组成的广泛并行互联的网络。其原理是根据人脑的生理结构和工作机理，实现计算机的智能。

人工神经网络是人工智能中最近发展较快、十分热门的交叉学科。它采用物理上可实现的器件或现有的计算机来模拟生物神经网络的某些结构与功能，并反过来用于工程或其他领域。人工神经网络的着眼点不是用物理器件去完整地复制生物体的神经细胞网络，而是抽取其主要结构特点，建立简单可行且能实现人们所期望功能的模型。人工神经网络由很多处理单元有机地连接起来，进行并行的工作。人工神经网络的最大特点是具有学习功能。通常的应用是先用已知数据训练人工神经网络，然后用训练好的网络完成操作。

人工神经网络也许永远无法代替人脑，但它能帮助人类扩展对外部世界的认识和智能控制。如 GMDH 网络本来是 Ivakhnenko(1971) 为预报海洋河流中的鱼群提出的模型，但后来又成功地应用于超声速飞机的控制系统和电力系统的负荷预测。人的大脑神经系统十分复杂,可实现的学习、推理功能是人造计算机所不可比拟的。但是,人的大脑在记忆大量数据和高速、复杂的运算方面却远远比不上计算机。以模仿大脑为宗旨的人工神经网络模型,配以高速电子计算机,把人和机器的优势结合起来,将有着非常广泛的应用前景。

1.4.9　问题求解

问题求解是指通过搜索的方法寻找问题求解操作的一个合适序列,以满足问题的要求。

这里的问题,主要指那些没有算法解,或虽有算法解但在现有机器上无法实施或无法完成的困难问题,例如路径规划、运输调度、电力调度、地质分析、测量数据解释、天气预报、市场预测、股市分析、疾病诊断、故障诊断、军事指挥、机器人行动规划、机器博弈等。

1.4.10　机器学习

机器学习就是机器自己获取知识。如果一个系统能够通过执行某种过程而改变它的性能,那么这个系统就具有学习的能力。机器学习是研究怎样使用计算机模拟或实现人类学习活动的一门科学。具体来讲,机器学习主要有下列三层意思:

(1) 对人类已有知识的获取(这类似于人类的书本知识学习)。

(2) 对客观规律的发现(这类似于人类的科学发现)。

(3) 对自身行为的修正(这类似于人类的技能训练和对环境的适应)。

1.4.11　基于 Agent 的人工智能

这是一种基于感知行为模型的研究途径和方法,我们称其为行为模拟法。这种方法通过模拟人在控制过程中的智能活动和行为特性,如自寻优、自适应、自学习、自组织等,来研究和实现人工智能。

基于这一方法研究人工智能的典型代表是 MIT 的 R. Brooks 教授,他研制的六足行走机器人(也称人造昆虫或机器虫)曾引起人工智能界的轰动。这个机器虫可以看作是新一代的"控制论动物",它具有一定的适应能力,是运用行为模拟即控制进化方法研究人工智能的代表作。

习题

(1) 什么是人工智能? 人工智能的意义和目标是什么?

(2) 人工智能有哪些研究学派? 各自的特点是什么?

(3) 人工智能这门科学研究的内容、特点、难点是什么?

(4) 简述人工智能的发展简史。

第 2 章　知识表示和问题求解

在人工智能系统中,给出一个简洁清晰的有关知识的描述是很困难的,只能从不同侧面加以理解。人工智能问题的求解是以知识为基础的,知识表示是人工智能研究中最基本的问题之一。

2.1　知识及知识表示的基本概念

2.1.1　知识的概念

Feigenbaum 认为知识是经过消减、塑造、解释和转换的信息。Bernstein 认为知识是由特定领域的描述、关系和过程组成的。Hayes-roth 认为知识是事实、信念和启发式规则。

从知识库的观点看,知识是某领域中所涉及的各有关方面的一种符号表示。

一般来说,知识就是人们对客观事物及其规律的认识,知识还包括人们利用客观规律解决实际问题的方法和策略等。对客观事物及其规律的认识,包括对事物的现象、本质、属性、状态、关系、联系和运动等的认识,即对客观事物的原理的认识。利用客观规律解决实际问题的方法和策略,包括解决问题的步骤、操作、规则、过程、技术、技巧等具体的微观性方法,也包括战术、战略、计谋、策略等宏观性方法。所以,就内容而言,知识可分为(客观)原理性知识和(主观)方法性知识两大类。就形式而言,知识可分为显式的和隐式的。

2.1.2　知识表示

知识的表示可以有语言、文字、数字、符号、公式、图表、图形、图像等多种形式。这些表示形式是人所能接受、理解和处理的形式。但面向人的这些知识表示形式,目前还不能完全直接用于计算机,因此就需要研究适用于计算机的知识表示模式。具体来讲,就是要用某种约定的(外部)形式结构来描述知识,而且这种形式结构还要能够转换为机器的内部形式,使得计算机能方便地存储、处理和利用。所以知识表示是指面向计算机的知识描述或表达形式和方法。

　　将已获得的有关知识以计算机内部代码形式合理地描述、存储,以有效地利用这些知识便是知识表示。知识表示方法,常模仿人脑的知识存储结构。心理学家对知识表示方法的研究做出了重要的贡献。

　　知识表示并不神秘。实际上,我们已经接触过或使用过。例如,我们通常所说的算法就是一种知识表示形式。因为它刻画了解决问题的方法和步骤(即它描述的是知识),又可以在计算机上用程序实现。前面介绍过的状态空间和产生式系统也是知识的表示形式,又如一阶谓词公式,它是一种表达力很强的形式语言,可以用程序语言实现,所以它可作为一种知识表示形式。本章主要介绍知识的逻辑表示和语义网络表示模式。

　　知识表示是现在人工智能研究中最活跃的领域,人工智能研究者通常对主要知识采取高效实用的表达,以提高程序的能力。知识表示是设计知识处理系统及从事任何计算机非数值处理的根本问题。知识使用得当将导致"可知"行为。

　　知识表示的体系树如图 2－1 所示。

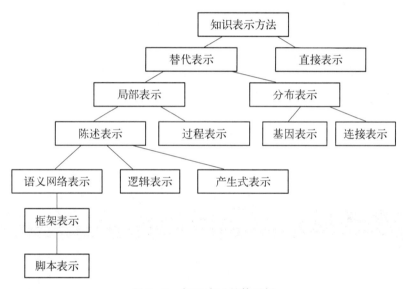

图 2－1　知识表示的体系树

知识表示原理可以分成三类:

1) 局部表示类

分为陈述性表示和过程性表示,包括逻辑、产生式系统,语义网络、框架及过程等。

(1) 陈述性表示。描述事实性知识,给出客观事物知识。告诉人们所涉及的对象是什么,是对于对象有关事实的"陈述",是数据。它将知识表示与知识的运用(推理)分开处理,是静态的。尽管这一事实有多处使用,但每个有关事实仅需存储一次。这种方法较严格、模块性好。

(2) 过程性表示。描述规则和控制结构知识,给出一些客观规律。该知识表示形式就是求解程序。它的表示与推理相结合,是动态描述。有的事实需多次存储。易于表达启发性知识和默认推理知识。这种表示法不够严格、知识间有交互但求解效率高。

　　实际上许多知识表示方法都是陈述与过程观点的结合。如逻辑表示法是表示与求解分离的属陈述性表示;如语义网络表示法,从继承性推理看是属过程性表示。

2）直接表示类

包括图示、图像及声音等的直接表示。

3）分布表示类

包括连接机制表示及基因表示。

基因表示（Gene Representation）是近几年来被 AI 研究者认真思考的一种介于局部与分布表示之间的知识表示方法。它的分布性表现在这种知识表示方法的基本单元——染色体的任一基因与所表示的知识没有任何直接的对应关系，只有一段基因的合理组合才具有一定的含义。因此，可以认为知识是分布地表示在染色体的基因片段之中，而局部性主要考虑到染色体可以分成若干有实际含义的基因段。从对染色体上的遗传操作来看，知识表示是分布的，但从其对后代的选择来看，知识表示又是局部的。对于人工智能研究来说，基因表示适合表示那些具有整体特性的知识。另外，这种知识表示方法所基于优化的搜索方法具有大规模并行处理的特点，因此，它对解决很多优化问题具有特殊的意义。

2.1.3 知识的分类

1）对象性知识

对象性知识（Object Knowledge）是以对象事实为主体的知识。如鸟有翅膀、知更鸟是鸟等。

2）事件性知识

事件（Event）性知识是以现实世界中所发生的动作和事件为主体的知识。如明天在五台山体育馆举行大学生运动会。

3）性能性知识

性能性（Performance）知识表达的是如何做一件事情及其技巧的性能，它包含超出了对象性和事件性知识之外的那一部分知识，这类知识可以决定一个人独立工作的能力、解决问题的水平以及创造力。如某人的画画得很好。

4）元知识

元知识（Meta-knowledge）是指能推导出新知识的知识，是知识库中的高层知识。包括怎样使用规则、解释规则、校验规则、解释程序结构等知识。元知识与控制知识是重叠的，对一个大的程序来说，以元知识或无规则形式体现控制知识更为方便。因为元知识存于知识库中，而控制知识常与程序结合在一起出现，因而不容易修改。如一个好的专家系统应该知道自己能回答什么问题、不能回答什么问题，这就是关于自己知识的知识。

2.1.4 知识的使用

（1）对知识的利用最重要的是使用效果。即

$$\alpha = \frac{被使用知识}{所有知识库知识} \times 100\% = \frac{E}{A} \times 100\%$$

（2）在知识库中的知识＝｛事实｝∪｛规则｝

$$\{K\} = \{F\} \cup \{R\}$$

因此，在具体的应用中对知识的实际使用包括以下三个阶段。

1. 获取

指获取更多知识,这一过程包括:

(1)对一新的数据结构在其加到数据库前进行分类,以便以后寻找与其相关知识时可以检索到。

(2)在许多类型的系统中,新的结构可与旧的相互作用,也能推理获得那些先前已完成任务的结果。

(3)有些表示模式按照人类联想记忆的自然形式获取知识,人类自身也作为新知识的资源。

如果在获取过程中不发生以上处理过程,那么系统就不能利用积累的新事实或者数据结构来真正提高它的知识性行为。

2. 检索

指检索与给定问题相关的知识库的事实。

人工智能系统中发展的有关检索的基本思想可称为链接和汇总。如果已知在一个期望的推理任务中,一个数据结构将引起另一个结构,两者之间可设置显示指针以实现链接。如果推理中同时引起几个数据结构被激活,则把它们汇总为一个更大的结构,以实现"检索"中的自动推理过程。

3. 推理

当系统要求做尚未被精确说明怎样做的事时,它必须推理,也即必须估计出哪些是它需要从已知的知识推导出的新知识。

(1)形式推理:根据所知道的知识演绎出新的知识。

(2)过程推理:调用一个过程用模拟方法来求解问题。

(3)类比推理:这是人类思维的一种非常自然的模式,但迄今为止,人工智能程序中很难完成。

(4)概括和抽象:对人类来说,这是一种重要的思维方法,也是一种极其自然的推理处理方式,但在程序中很难模仿完成。

(5)元推理:是人类认识过程的基础。心理学和人工智能中的最新研究表明,元推理在人类认识过程中可能扮演中心角色。

2.1.5　对知识表示方法的衡量

首先需要说明,以自然语言作为知识表示语言是困难的。人表示知识、处理知识均使用自然语言,如将这种表示直接引入计算机是最理想的了。但是自然语言有二义性、语法语义也难以有完善的描述,从而会给机器内部表示带来难以克服的困难,需另行考虑知识表示方法。建立一种新知识表示方法,要求有较强的表达能力和足够的精细度。其次,相应于表示方法的推理要保证正确性和效率。从使用者角度看,应满足可读性好、模块性好等要求。

知识表示模型的标准:

(1)具有表示某个专门领域所需要知识的能力,并保证知识库中的知识是相容的。

(2)具有从已知知识推出新知识的能力,容易建立表达新知识所需要的新结构。

(3)便于新知识的获取,最简单的情况是能由人直接输入知识到知识库中。

(4)便于将启发式知识附加到知识结构中,以使把推理集中在最有希望的方向上。

2.2 状态空间知识表示及求解

现实世界中的大多数问题都是结构不良或非结构化的问题,一般不存在现成的求解方法来求解这样的问题,而只能利用已有的知识一步一步地摸索着前进。正如瞎子爬山一样,他虽然有明确的目标(爬到山顶),但却不知道山顶在何处,也不知道走什么样的路线才能到达山顶。他只能每走一步就试探一下周围的环境,选最陡的方向前进。他可能走错方向,需要回过头来重走,也可能在一块平地上不知所措。

即使对于结构性较好,理论上有算法可依的问题,由于问题本身的复杂性以及计算机在时空上的局限性,有时也需要通过搜索来求解。如在博弈问题中,计算机为了取得胜利,需要在每走一步棋之前,考虑所有的可能性,然后选择最佳的走步。棋手找到这样的算法并不难,计算机却为此要付出惊人的时、空代价。就可能的棋局数来说,国际象棋是 10^{123},围棋是 10^{761}。假若每步选择一个棋局,国际象棋需要几亿年才能算完。

在搜索的过程中所要解决的问题是如何寻找可利用的知识,即如何确定推理路线,才能在付出尽量少的代价的前提下把问题圆满解决。如果存在多条路线可实现对问题的求解,那就又存在着这样的问题:即如何从这些多条求解路线中选出一条,使它的求解代价最小,以提高求解程序的运行效率。像这样根据问题的实际情况,按照一定的策略或规则,从知识库中寻找可利用的知识,从而构造出一条使问题获得解决的推理路线的过程,就称为搜索。搜索包含两层含义:一是找到从初始事实到问题最终答案的一条推理路线;二是找到的这条路线是时间和空间复杂度最小的求解路线。

搜索是人工智能中的一个基本问题,是推理不可分割的一部分。1974 年,尼尔逊(N.J. Nillson)把它列为人工智能研究领域中的四个核心问题之一,可见其重要性。

2.2.1 状态空间表示法

人工智能中的问题求解过程实际上是一个搜索过程。为了进行搜索,必须首先用某种形式把问题表示出来,其表示是否适当,将直接影响搜索效率。状态空间表示法就是用来表示问题及其搜索过程的一种方法。它是人工智能中最基本的形式化方法,也是讨论问题求解技术的基础。

1. 问题状态描述

状态(State)是为描述某类不同事物间的差别而引入的一组最少变量 q_0, q_1, $\cdots$, q_n 的有序集合,其矢量形式为 $\boldsymbol{Q} = [q_0, q_1, \cdots, q_n]^{\mathrm{T}}$。式中每个元素 $q_i(i = 0, 1, \cdots, n)$ 为集合的分量,称为状态变量。给定每个分量的一组值就得到一个具体的状态,如 $\boldsymbol{Q}_k = [q_{0k},$ $q_{1k}, \cdots, q_{nk}]^{\mathrm{T}}$。

使问题从一个状态变化为另一个状态的手段称为操作符或算符。

操作符可分为走步、过程、规则、数学算子、运算符号或逻辑符号等。

2. 状态空间描述

状态空间(State Space)是一个表示该问题全部可能状态及一切可用算符所构成的集合。它包括三种说明的集合,即所有可能的问题初始状态集合 S,操作符集合 F 及目标状态集合

G,因此可把状态空间表示为一个三元组：(S, F, G)。

状态空间的图示形式,即问题的全部状态及其关系的图称为状态空间图。其中节点表示状态,有向边表示关系。

[例1]　15 数码问题(15 Puzzle problem)也称"十六宫"问题。指把用 15 个不同数字标注的牌放在有 16 个位置的网格上,空出一个位置,使将牌可以移动,形成不同的格局,如图 2-2 所示。

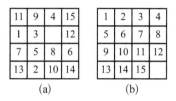

图 2-2　15 Puzzle problem 问题

（a）初始状态　（b）目标状态

图 2-3 为该问题求解的部分状态空间。

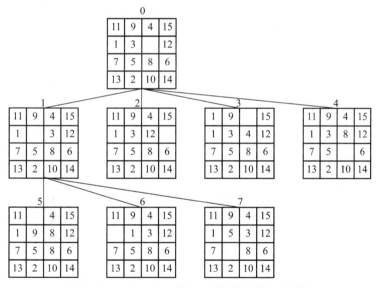

图 2-3　15 Puzzle problem 问题的部分状态空间

[例2]　梵塔问题(Tower-of-Hanoi Puzzle)

传说在印度的贝那勒斯的圣庙中,主神梵天做了一个由 64 个大小不同的金盘组成的"梵塔",并把它穿在一个宝石杆上。另外,旁边再插上两个宝石杆。然后,他要求僧侣们把穿在第一个宝石杆上的 64 个金盘全部搬到第三个宝石杆上。搬动金盘的规则是:一次只能搬一个,不允许将较大的盘子放在较小的盘子上。这就是梵塔问题。梵天预言:一旦 64 个盘子都搬到了 3 号杆上,世界将在一声霹雳中毁灭。

经计算,把 64 个盘子全部搬到 3 号杆上,需要穿插搬动盘子 $2^{64}-1=18\,446\,744\,073\,709\,511\,615$ 次。所以直接考虑原问题将过于复杂。

现在考虑 3 盘片的梵塔问题:

用状态(i,j,k)表示最大盘片 A 在第i根针上,盘片 B 在第j根针上,最小盘片 C 在第k根针上。如果同一根针上有两片或两片以上的盘片,则假设较大的在下面,如图 2-4 所示。

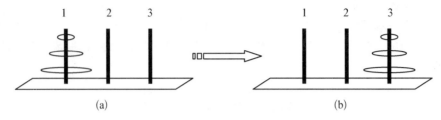

图 2-4　3 盘片的梵塔问题
（a）初始状态　（b）目标状态

其状态空间如图 2-5 所示。

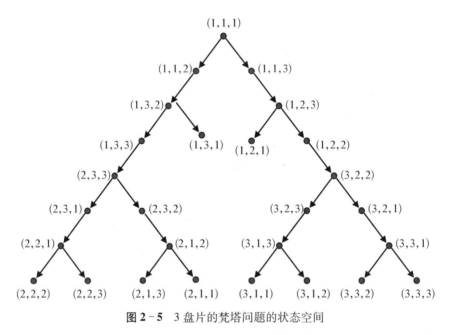

图 2-5　3 盘片的梵塔问题的状态空间

状态空间图实际上是一类问题的抽象表示。事实上,有许多智力问题(如梵塔问题、旅行商问题、八皇后问题、农夫过河问题等)和实际问题(如路径规划、定理证明、演绎推理、机器人行动规划等)都可以归结为在某一状态图中寻找目标或路径的问题。因此,研究状态空间图搜索具有普遍意义。

2.2.2　图搜索策略

在状态空间图中寻找目标或路径的基本方法就是图搜索,指从初始节点出发,沿着与之相连的边试探着前进,寻找目标节点的过程,也可以反向进行。

图搜索分为盲目搜索和启发式搜索两种。盲目搜索也称无信息搜索,是指在搜索过程中只按预定的控制策略进行搜索,而在搜索过程中获得的中间信息不被用来改进控制策略。由于搜索总是按预先规定的路线进行,没有考虑到问题本身的特性,所以这种搜索具有盲目性,效率不高,不便于复杂问题的求解。启发式搜索又称有信息搜索,是指在搜索中加入了与问题有关的启发性信息,用以指导搜索朝着最有希望的方向前进,加速问题的求解过程并找到最优解。显然,启发式搜索优于盲目搜索。但由于启发式搜索需要具有与问题本身特性有关的信息,而这并非对每一类问题都可方便地抽取出来,因此盲目搜索仍然是一种应用较广泛的搜索策略。

1. 数据驱动搜索模式

数据驱动搜索也称正向推理,搜索的过程是应用规则从给定条件产生新条件,再用规则从新条件产生更多的新条件,搜索过程一直持续到有一条满足目标要求的路径产生为止。

2. 目标驱动搜索模式

目标驱动也称逆向推理或反向推理,推理着眼于目标,寻找产生目标的规则,通过反向连续的规则和子目标进行反向推理,直至找到问题给出的条件为止。

3. 数据驱动和目标驱动相结合的双向搜索模式

双向搜索如图 2-6 所示。

图 2-6　双向搜索

4. 图搜索的实现

无论是哪种搜索模式,其求解问题都要在状态空间图中找到从初始状态到目标状态的路径。路径上的序列对应于解题的先后步骤,求解问题时必须尝试多条路径直到找到目标为止。

1) 带回溯的搜索

若当前状态 S 未达到目标的要求,就对它的第一个子状态 S_{child1} 递归调用回溯过程;如果在以 S_{child1} 为根的子图中未能到目标,就对它的兄弟 S_{child2} 调用此过程;按此递归调用,直到结束为止。

注:递归应规定界线。

用该方法进行搜索时,用三张表来保存状态空间的节点。

(1) SL 状态表:列出当前路径上的状态。如果找到了目标,SL 就是解题路径上状态的有序集。

(2) NSL 新状态表:包括了等待评估的节点,其后裔节点还未被扩展。

(3) DE 不可解端点集:列出了找不到解题路径的状态。如果在搜索中再遇到它们,就会因检测到它们是 DE 中的成分而立刻将之排除。

算法描述:

```
function backtrack;
begin
SL:=[star]；  NSL:=[star]；  DE:=[    ]；  CS:=star；  %初始化
while NSL≠[    ]
do begin
    if CS=目标(或符合目标的要求)
    then return(SL)；%成功,返回路径中状态的表
    if  CS 没有子状态(不包括 DE、SL 和 NSL 中已有的状态)
```

```
    then begin
        while ((SL 非空) and (CS = SL 中第一个元素))
        do begin
            将 CS 加入 DE;  %标明此状态不可用
            从 SL 中删去第一个元素;  %回溯
            从 NSL 中删去第一个元素;
            CS: = NSL 中第一个元素;
            end;
            将 CS 加入 SL;
            end;
    else begin
        将 CS 子状态(不包括 DE、SL 和 NSL 中已有的状态)加入 NSL;
        CS: = NSL 中第一个元素;
        将 CS 加入 SL;
        end;
    end;
    return FAIL;
end.
```

算法的执行过程如图 2-7 所示。

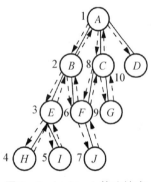

图 2-7 backtrack 算法搜索

backtrack 是状态空间搜索的一个基本算法,以后我们要讲的深度优先、广度优先、最好优先等搜索,都有回溯的思想。

算法中几个表的作用是:

(1) 用来处理状态表(NSL)使算法能返回(回溯)到其中任一状态。

(2) 有一张"坏"状态表(DE)避免算法重新搜索无解的路径。

(3) 有当前状态表(SL),当满足目标时可以将它〈作为结果〉返回。

(4) 为避免陷入死循环,必须显式地对新状态进行检查,看它是否在三张表中。

2) 广度优先搜索

广度优先搜索(Breadth First Search)又称宽度优先搜索,是一种盲目搜索策略。其基本思想是:从初始节点开始,逐层对节点进行依次扩展,并考察它是否为目标节点,在对下一层节点进行扩展(或搜索)之前,必须完成对当前层的所有节点的扩展(或搜索)。

广度优先搜索算法描述如图 2-8 所示。

其中 Open 表是一个队列即先进先出的结构,状态从右边进入,从左边移出。Closed 表是 backtrack 算法中的 SL 和 DE 表的合并,即 Closed = SL∪DE。

其对问题状态空间节点的搜索过程如图 2-9 所示。

图 2-9 中广度优先搜索算法执行过程的搜索轨迹为:

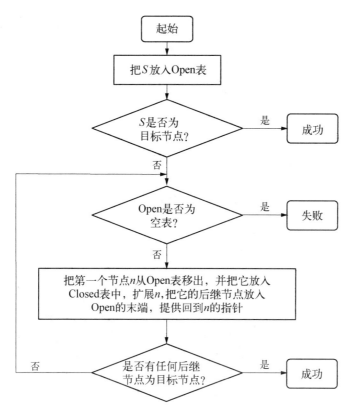

图 2-8　广度优先搜索算法流程

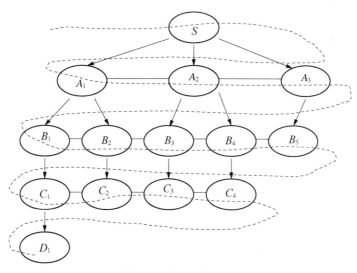

图 2-9　广度优先搜索策略对问题状态空间搜索过程

$Open = [S]$；$Closed = [\quad]$；

$Open = [A_1, A_2, A_3]$；$Closed = [S]$；

$Open = [A_2, A_3, B_1, B_2]$；$Closed = [A_1, S]$；

$Open = [A_3, B_1, B_2, B_3, B_4]$；$Closed = [A_2, A_1, S]$；

$\text{Open} = [B_1, B_2, B_3, B_4, B_5]; \text{Closed} = [A_3, A_2, A_1, S];$

$\vdots \qquad\qquad\qquad\qquad \vdots$

$\text{Open} = [C_2, C_3, C_4, D_1]; \text{Closed} = [C_1, B_5, B_4, B_3, B_2, B_1, A_3, A_2, A_1, S]。$

上图用 backtrack 搜索算法,其搜索轨迹为:

CS	SL	NSL	DE
S	$[S]$	$[S]$	$[\ ]$
A_1	$[A_1\ S]$	$[A_1 A_2, A_3\ S]$	$[\ ]$
B_1	$[B_1 A_1 S]$	$[B_1 B_2 B_3\ B_4\ B_5\ A_1 A_2 A_3 S]$	$[\ ]$
C_1	$[C_1 B_1 A_1 S]$	$[C_1 C_2 C_3 C_4 B_1 B_2 B_3\ B_4 B_5 A_1 A_2 A_3 S]$	$[\ ]$
D_1	$[D_1\ C_1 B_1 A_1 S]$	$[D_1 C_1 C_2 C_3 C_4 B_1 B_2 B_3 B_4 B_5 A_1 A_2 A_3\ S]$	$[\ ]$

由上可知,广度优先可以确保找到从开始到目标的最短路径。

3) 深度优先搜索

深度优先搜索(Depth First Search)也是一种盲目搜索策略,其基本思想是:首先扩展最新产生的(最深的)节点,即从初始节点开始,在其后继节点中选择第一个节点,对其进行考察,若它不是目标节点,则对该节点进行扩展,并从它的后继节点中选择第一个节点进行考察。依次类推,一直搜索下去,当到达某个既非目标节点又无法继续扩展的节点(到达叶子节点或受到深度限制)时,才从当前节点返回到上一级节点,沿另一方向又继续前进。这种方法的搜索树是从树根开始一枝一枝逐渐形成的。

深度优先搜索算法的流程如图 2-10 所示。

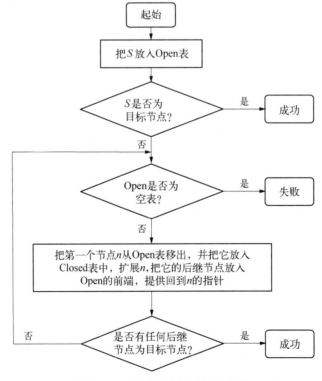

图 2-10 深度优先搜索算法流程

其中 Open 表是一个后进先出结构。

其搜索的轨迹如下：

Open = [S]；Closed = [　]；

Open = [S_1, S_2, S_3]；Closed = [S]；

Open = [S_4, S_5, S_2, S_3]；Closed = [S_1, S]；

Open = [S_6, S_5, S_2, S_3]；Closed = [S_4, S_1, S]；

Open = [S_7, S_5, S_2, S_3]；Closed = [S_6, S_4, S_1, S]；

…

其搜索过程如图 2–11 所示。

注意：深度优先搜索并不能保证第一次遇到某个状态时的路径，是到这个状态的最短路径。

广度优先与深度优先搜索算法的比较如下。

广度优先：

（1）由于广度优先搜索方法总是在检查完 n 层的节点之后才转向 $n+1$ 层的检查，因此，它总是能找到最短路径的解。

（2）对简单问题，该算法能找到最优解，对复杂问题找不到解。因为用 Open 表中状态数目表示的广度优先搜索对空间的利用率是当前路径长度的指数函数，若每个状态平均有 B 个子状态，在给定层上状态的数目就是 B 乘以上一层的状态数，因此第 n 层有 B^n 个状态。广度优先搜索在刚开始搜索第 n 层时要将其全放在 Open 表中，如果解题路径长的话，这个数目大得让程序无法工作。

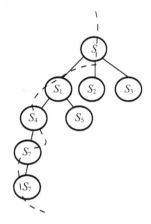

图 2–11　深度优先搜索策略对问题状态空间搜索

深度优先：

（1）深度优先搜索可尽快进入底层，但会在深处迷失方向，找不到目标的最短路径或陷入一个不通往目标的无限长的路径中。

（2）深度优先在搜索有大量分枝的图时会有相当高的效率，因为它不需要把某一层上所有节点记入 Open 表中。

（3）深度优先搜索耗费的空间量是路径长度值的线性函数，Open 在每一层只保留一个状态的子状态，如果图中每个状态平均有 B 个子状态，则搜索到图中第 n 层时要求 $B×n$ 个状态的空间。

5. 有界深度优先搜索

广度优先和深度优先是两种最基本的穷举搜索方法，在此基础上，根据需要再加上一定的限制条件，便可派生出许多特殊的搜索方法，例如有界深度优先搜索。有界深度优先搜索就是给出了搜索树深度限制，当从初始节点出发沿某一分枝扩展到一限定深度时，就不能再继续向下扩展，而只能改变方向继续搜索。节点 x 的深度（即其位于搜索树的层数）通常用 $d(x)$ 表示，则有界深度优先搜索算法如下：

（1）把 S_0 放入 Open 表中，置 S_0 的深度 $d(S_0) = 0$。

（2）若 Open 表为空，则失败，退出。

（3）取 Open 表中前面第一个节点 N，放入 Closed 表中。

（4）若目标节点 $S_g = N$，则成功，结束。

（5）若 N 的深度 $d(N) = d_m$（深度限制值），或者若 N 无子节点，则转步骤 2。

（6）扩展 N，将其所有子节点 N_i 配上指向 N 的返回指针后依次放入 Open 表中前部，置 $d(N_i) = d(N) + 1$，转步骤 2。

设置深度界限的目的是：一旦搜索路径进入某一层时，深度界限便强迫该路径上的搜索失败，并形成搜索空间中该层之上的一块区域。

上述有界深度优先搜索算法是在 DFS 中规定搜索深度进行搜索。它先执行深度界限为 1 的深度优先搜索，如果未找到目标，再执行深度为 2 的深度优先搜索，如此不停地在每次重复时将深度加 1。每次重复时，算法都执行以当前深度为界限的完全的深度优先搜索。每次重复之间并不传递任何与状态空间有关的信息。

由于算法是按一层层的方式搜索状态空间的，所以它一定会找到通向目标的最短路径。

6. 基于递归的搜索

递归在数学中指一个递归定义中使用了它自己的定义。

在计算机科学中，递归被用来定义和分析数据结构和过程。

一个递归过程包括：

（1）过程调用自身重复一串动作的递归步骤。

（2）防止过程无穷递归的终止条件。

［例］　测试一元素是否是表成员的过程可递归定义如下：

```
Procedure member(item, list);
    begin
        if   list 为空   then   return(FAIL)      %递归终止条件1
            else   if   item = list 中的第一个元素
                    then   return(SUCCESS)   %递归终止条件2
                    else   begin
                                tail:=list 中去掉第一个元素后其余元素组成的表
                                member(item, tail)         %递归调用
                            end
    end;
```

深度优先递归搜索算法：

算法使用了两个全局变量 Closed 和 Open 来维护状态表。

```
function   depthsearch;
begin
    if   open 为空   then   return (FAIL);
                current_state:=open 中的第一个元素;
                if current_state = 目标(或符合目标要求)
                then   return (SUCCESS)
                else   begin
                            从 open 中去掉 current_state;
                            在 closed 中添加 current_state
```

将 current_state 的子状态(不包括 open、closed 中已有的)加入 open 的前端

$$end;$$

$$depthsearch \qquad \%递归调用$$

end.

7. 启发式搜索

前面讲的穷举搜索法,从理论上讲似乎可以解决任何状态空间的搜索问题,但实践表明,穷举搜索只能解决一些状态空间很小的简单问题,而对于那些状态空间较大的问题,穷举搜索就不能胜任了。因为大空间问题往往会导致"组合爆炸"。

有没有信息不完全的前提下得到相同的结论的可能呢?

众所周知,在智能活动中,使用最多的方法不是完备性方法,而是不一定完备的启发式方法。其原因是:

(1) 大多数智能系统不知道与实际问题有关的全部信息,因此,在具体求解问题时只能借助部分信息加上经验去处理。

(2) 有些智能行为无法用现有的工具推导表示,只能用经验关系表示。

由此可见,无论在理论方面还是在应用方面都需要启发式方法。

"启发"(heuristic)包括发现、发明规则及其研究方法。

启发式搜索就是利用启发性信息进行制导的搜索。启发性信息就是有利于尽快找到问题的解的信息。按其用途划分,启发性信息一般可分为以下三类:

① 用于扩展节点的选择,即用于决定先扩展哪一个节点,以免盲目扩展。

② 用于生成节点的选择,即用于决定生成哪些后续节点,以免盲目地生成过多的无用节点。

③ 用于删除节点的选择,即用于决定删除哪些无用节点,以免造成进一步的时空浪费。

在状态空间搜索中,启发式被定义成一系列规则,它从状态空间中选择最有希望到达问题解的路径。

在人工智能问题求解领域研究启发式策略是十分必要的,可以借助启发式搜索策略帮助我们求解问题。因为:

① 在问题求解中有不确定性问题,如医学中的一些基本问题。

② 在问题求解中有模糊性等问题,如视觉问题。

③ 所求解问题可能有确定解,但它有"组合爆炸"等问题存在,最终还是达不到问题求解的目的。

④ 在问题求解中有定性描述过程存在,但对此类问题只能借助经验给予定量帮助描述。

显然,利用启发式搜索策略的优势在于:

① 可以帮助我们解决问题求解过程中存在的不确定性、模糊性。

② 可以降低问题求解的复杂性。

③ 可以帮助我们简化问题。

启发式搜索由启发式方法和启发式搜索算法两部分构成。利用启发式搜索可能得到一个次佳解,也可能一无所获。这也是启发式搜索固有的局限性。

启发式搜索的估价函数确定方法：

设有初始状态 q，经过 n 次变换后得到目标状态 p（见图 2－12）。

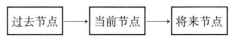

图 2－12 问题状态变化

在上述问题中，$\{qq_1q_2\cdots q_{n-1}, p\}$ 序列和 $\{r_1r_2r_3\cdots r_n\}$ 是成一一对应关系的。

在启发式搜索中，通常用所谓启发函数来表示启发性信息。启发函数是用来估计搜索树上节点 n 与目标节点 S_g 接近程度的一种函数，通常记为 $h(n)$。

在问题求解的搜索图中，从节点与节点之间的关系来看有过去节点、当前节点、将来节点三种类型，如图 2－13 所示。

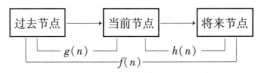

图 2－13 三种节点之间的关系

把这三种类型节点的关系用一个评估函数表示为

$$f(n) = g(n) + h(n) \tag{1}$$

式中：$g(n)$ 表示从初始节点到当前节点的代价；$h(n)$ 表示从当前节点到目标节点最佳路径的估计代价。

在 $f(n) = g(n) + h(n)$ 中，若有 $g(n) \gg h(n)$，则有 $f(n) \approx g(n)$ $\qquad$ (2)

若有 $g(n) \ll h(n)$，则有 $f(n) \approx h(n)$ $\qquad$ (3)

式(2)可以保证 $f(n)$ 的完备性，但搜索效率较差；

式(3)有利于搜索效率的提高。

图 2－14 为搜索过程中付出的代价关系。

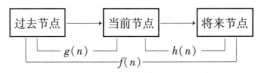

图 2－14 搜索过程中付出的代价关系

广度优先：

$$f_1(n) = M^n \qquad M, n > 2$$

深度优先：

$$f_2(n) = M \times n \qquad M, n > 2$$

有界深度：

$$f_3(n) = M \times n + K \qquad k \neq 0 \quad M, n > 2$$

在式(1)中：当 $g(n) \gg h(n)$ 时，

$$f(n) \rightarrow f_1(n)$$

当 $h(n) > g(n)$ 时，

$$f(n) \rightarrow f_2(n)$$

例：利用启发式搜索求解下列九宫问题（见图 2−15）。

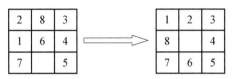

图 2−15 九宫问题

解：评估函数 $f(n) = g(n) + h(n)$，其中 $h(n)$ 表示格子中的数字和目标数字错位个数之和，如图 2−15 中初始状态的错位个数之和是 $h(1) = 4$。在搜索过程中，每次选择最有希望达到目标的状态（错位个数之和最小的节点）来扩展。求解过程的状态空间如图 2−16 所示。

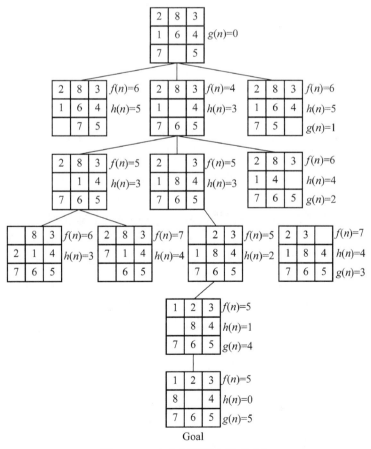

图 2−16 九宫问题的启发式求解

33

8. 启发式搜索算法

1）局部优先搜索法

局部优先搜索法也称瞎子爬山法，只考虑当前节点与目标节点之间的关系，即启发式估价函数为

$$f(n) = h(n)$$

如图 2-17 所示，瞎子爬山法只找到局部的最优解，不一定能找到全局最优解。

在图中，$D > C > B > E > A$

若从 1 出发，爬到 A 停止；

若从 2 出发，爬到 B 停止；

若从 3 出发，爬到 C 停止；

若从 4 出发，爬到 D 停止；

若从 5 出发，爬到 E 停止；

若首先经过 4，则可得最优解。

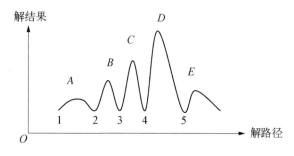

图 2-17 瞎子爬山

[**例**] 用瞎子爬山法求下列九宫问题（见图 2-18）。

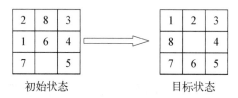

初始状态   目标状态

图 2-18 九宫问题

这时 $f(n) = h(n)$，其中 $h(n)$ 表示格子中的数字和目标数字错位个数之和。如初始状态的错位数是 $h(1) = 4$。

其搜索过程的状态空间如图 2-19 所示。

2）最好优先搜索法

（1）最好优先搜索法原理：最好优先搜索法也使用两张表来记录节点信息，在 Open 表中保留所有已生成而未考察的节点；在 Closed 表中记录已访问过的节点。算法中有一步是根据某些启发信息，按节点距离目标状态的长度大小重排 Open 表中的节点，这样，循环中的每一步只考虑 Open 表中状态最好的节点，这就是最好优先搜索法，又称有序搜索法，即：

原始节点状态：Open $= [A_1, A_3, A_2, \cdots, A_n, \cdots, A_m]$

↓重排之后

重排后状态节点：Open $= [A_1, A_2, A_3, \cdots, A_m, \cdots, A_n]$

（2）最好优先搜索算法描述：

procedure　best_first_search

Initialize：Open $=$[start]；Closed$=$[ ]；%初始化

while　Open $\neq$[ ]　%还有未检查的状态

do begin

        把 Open 中的第一个状态移出，并命名为 X

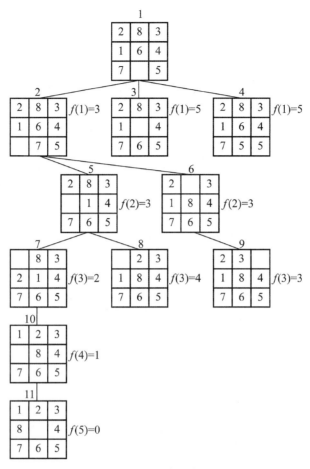

图 2－19 局部优先搜索法求解九宫问题

  if X＝目标(或符合目标的要求)then 返回通往目标 X 的解路径；

  process X,生成 X 的所有子状态；

  考查 X 的子状态

do case

  子状态在 Open 或 Closed 表中不存在：

  begin

    赋予该子状态相应的启发估价函数值后将其加入 Open 表中；

  end；

  子状态已经在 Open 表中存在：

    if 该子状态的启发估价函数值比它原来在 Open 表中的启发估价函数

值小

    then 用新的较小的启发估价函数值替换它原来在 Open 表中的启发估

价函数值；

  子状态已经在 Closed 表中存在：

    if 该子状态的启发估价函数值比它原来在 Closed 表中的启发估价函数

值小：

      then begin

         用新的较小的启发估价函数值替换它原来在 Closed 表中的启发估价函数值；

         将该子状态从 Closed 移回 Open；

        end；

     end；

   将 X 放入 Closed 中；

   根据启发估价函数值将 Open 中的子状态进行重排 %启发估价函数值小的优先

   end；

   return(failure)； %Open 为空

 end.

[**例**] 层次状态空间的最好优先搜索(见图 2-20)。

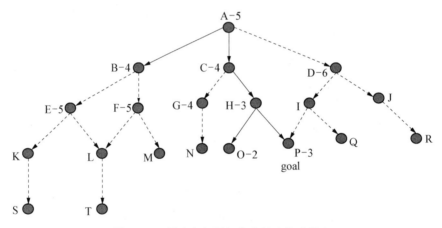

图 2-20 层次空间最好优先搜索算法搜索

（3）分析：最好优先搜索算法总是从 Open 表中选取最"好"的状态进行扩展。但是，由于启发信息有时可能出错，故算法并不丢弃其他的状态而把它们保留在 Open 表中。当某一个启发信息将搜索导向错误路径时，算法可以从 Open 表中检索先前产生的"次最好"状态，并且考虑方向转向空间的另一部分。

图 2-21 中以（ ）包围的区域出错，则返回到未包围的区域。

（4）小结：$f(n) = g(n) + h(n)$ 中，$g(n)$ 保证了宽度优先搜索的性质，$h(n)$ 保证了有最好的路径。因此，最好优先搜索方法为我们提供了启发式搜索的一般原则，总结起来有：

根据产生式规则和一些其他的操作，生成当前考察节点的子状态。

检查每个子状态以前是否已经考察过(已在 Open 表或 Closed 表中)，以防止循环。

每个状态都以 $f(n)$ 值为依据进行搜索。

Open 表中的状态按 $f(n)$ 值排序。

通过设计 Open 表和 Closed 表的存储方式，可以提高算法的效率。

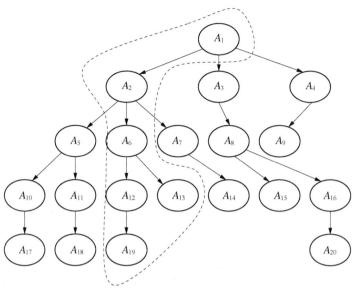

图 2 - 21　启发式搜索空间

上面介绍了多种搜索方法，图搜索算法简单地说就是，每次从 Open 表中取出第一个节点进行扩展，生成的新节点放到 Open 表中，然后按照某种原则对 Open 表进行排序。不同的排序原则构成了不同的图搜索算法。值得注意的是，算法成功结束的判断方法，是当从 Open 表中取出一个节点后，再判断该节点是否是目标节点，而不是在扩展节点/生成新节点时判断。这一点一定要注意，这是构成某些最优算法的关键所在。

2.3　产生式系统及推理

产生式系统是由美国数学家 E. Post 于 1943 年提出的产生式规则而得名，其中产生式指符号的变换规则 A→aA。E. Post 设计的 Post 系统，目的是构造一种形式化的计算工具，并证明它和图灵机有相同的计算能力。几乎在同一时期，Chomsky 在研究自然语言结构时提出了文法分层的概念，并提出了文法的"重写规则"，即语言生成规则，它实际上是特殊的产生式。1960 年，Backus 提出了著名的 BNF（巴科斯范式），用以描述计算机语言的文法。后来发现，BNF 范式实际上就是 Chomsky 的上下文无关文法。

把一组产生式放在一起，让它们互相配合、协同工作，一个产生式生成的结论可以供另一个产生式作为前提使用，以这种方式求得问题解决的系统就称为产生式系统。研究表明，产生式系统具有和图灵机一样的表达能力，也有心理学家认为人脑对知识的存储就是产生式形式的，因而产生式系统的应用范围大大扩展。1965 年，美国的纽厄尔和西蒙利用这个原理建立了一个人类的认知模型，斯坦福大学利用产生式系统结构设计出第一个专家系统 DENDRAL。

产生式系统用来描述若干个不同的以一个基本概念为基础的系统。这个基本概念就是产生式规则或产生式条件和操作对象的概念。在产生式系统中，论域的知识分为两部分：

（1）事实：用于表示静态知识，如事物、事件和它们之间的关系。

（2）规则：用于表示推理过程和行为。

2.3.1　产生式系统的构成

产生式系统由动态数据库、产生式规则库和控制策略三个部分组成，各部分之间的关系如图 2-22 所示。

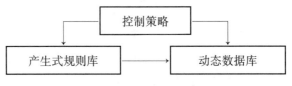

图 2-22　产生式系统的构成

1. 动态数据库

动态数据库用来存放与求解问题有关的数据，是人工智能产生式系统所使用的主要数据结构。它用来表述问题状态或有关事实，即它含有所求解问题的信息，其中有些部分可以是不变的，有些部分则可能只与当前问题的解有关。人们可以根据问题的性质，用适当的方法来构造动态数据库的信息。例如：当一个病人需要诊断时，它可能包括该病人病情的数据，$D = \{f_1, \cdots, f_n\}$。

2. 产生式规则库

产生式规则库主要存放问题求解中的规则，$R = \{r_1, \cdots, r_n\}$。其结构为：如果 A 则 B，即 If A then B。

［**例**］　如果某动物是哺乳动物，并且吃肉，那么这种动物称为肉食动物。用产生式表示为：

IF the animal is a mammal and it eats meat THEN it is a carnivours.

3. 控制策略

控制策略的作用是说明下一步应该选用什么规则，也就是说如何应用规则。通常从选择规则到执行操作分三步。

（1）匹配。把当前数据库和规则的条件部分相比较（见图 2-23）。

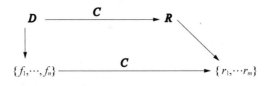

图 2-23　数据库的事实与规则库的条件匹配

如果两者完全匹配，则把这条规则称为触发规则。当按规则的操作部分去执行时，这条规则称为启用规则。被触发的规则不一定总是启用规则，因为有可能同时有几条规则部分被满足，这就要用到冲突解决。

（2）冲突解决。当有一个以上的规则的条件部分和当前数据库相匹配时，就需要决定首先使用哪一条规则，这就是冲突解决。

冲突解决的方法有：

① 专一性排序。如果某一规则的条件部分比另一条规则的条件部分所规定的情况更为专业，则这条规则有较高的优先权。

② 规则排序。如果规则编排顺序就表示了启用的优先级，则称之为排序。

③ 数据排序。把规则条件部分的所有条件按优先级次序编排起来，运行时首先使用在条件部分包含较高优先级数据的规则。

④ 规模排序。按规则条件部分的规模排列优先级，优先使用被满足条件较多的规则。

⑤ 就近排序。把最近使用的规则放在最优先的位置。

⑥ 上下文限制。把产生式规则按它们所描述的上下文分组。也就是说按上下文对规则分组，在某种上下文条件下，只能从与其相对应的那组规则中选择可应用的规则。

⑦ 使用次数排序。把使用频率较高的排在前面。

不同的系统，可选择使用上述这些策略的不同组合，而如何选择冲突解决策略完全是启发式的。

（3）操作。操作是指执行规则的操作部分，经过操作以后，当前数据库将被修改，其他的规则有可能被使用。

产生式系统的工作周期如图 2-24 所示。

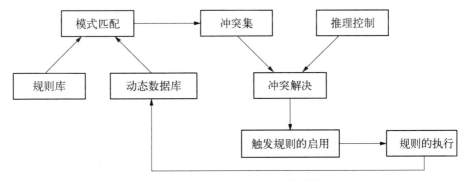

图 2-24　产生式系统的工作周期

4. 产生式系统的特点

产生式系统格式固定、形式单一，规则间相互较为独立，没有直接的关系，使数据库的建立较为容易，用来处理较为简单的问题是可取的。另外，产生式系统推理方式单纯，也没有复杂计算。特别是数据库与推理机是分离的，这种结构给数据库的修改带来方便，无需修改程序，对系统的推理路径也容易作出解释。

产生式系统有如下优点：

（1）有丰富的表达知识能力。

（2）对结构化的知识表达方便灵活且易于增加、删除。

（3）能表达动作，其结构事实上等价于图灵机。

（4）推理方向可逆，推理机制多样性。

（5）采用产生式系统结构求解问题的过程类似于人类求解问题时的思维过程，因而可以用它来模拟人类求解问题的思维过程，有利用于人工智能目标的实现。

2.3.2　产生式系统的求解问题策略

1. 正向推理

正向推理是指从初始状态开始,在规则的控制下向目标状态一步步移动,直至到达目标状态。正向推理也称数据驱动方式或自底向上的方式。推理过程是:

(1) 规则库中的规则与数据库中的事实进行匹配,得到触发规则集合。

(2) 从触发规则集合中选择一条规则作为启用规则(冲突解决)。

(3) 执行启用规则,将该使用规则的后件送入数据库。

重复这个过程直至达到目标。

具体说如数据库中含有事实 A,而规则库中有规则 A→B,那么这条规则便是触发规则,进而将后件 B 送入数据库。这样可不断扩大数据库直至包含目标。若有多条触发规则,需从中选一条作为启用规则。不同的选择方法直接影响求解效率,选规则的问题就是控制策略。正向推理会得出一些与目标无直接关系的事实,是有浪费的。

正向推理的基本过程如图 2-25 所示。

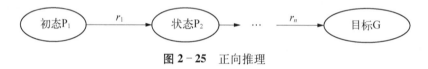

图 2-25　正向推理

正向推理算法:

(1) 将初始事实、数据置入动态数据库。

(2) 用动态数据库中的事实/数据,匹配/测试目标条件,若目标条件满足,则推理成功,结束。

(3) 用规则库中各规则的前件匹配动态数据库中的事实/数据,将匹配成功的规则组成触发规则集。

(4) 若触发规则集为空,则运行失败,退出。

(5) 将触发规则集中的规则放入冲突集中。根据冲突解决策略决定启用规则并执行之,将该规则的结论加入动态数据库,转步骤(2);

[例1]　某树类型辨识产生式系统,可模拟植物学家的思维过程,在一系列产生式规则的指导下,通过某些线索(如叶子的形状等)来推断树的类型。该系统由规则库、数据库、控制器三部分组成。控制器仅提供了两个函数: on_vm(x),用来测试树的识别特征 x 是否存在于数据库 VM 中;put_on_vm(x),在一条规则被启用后,把树的识别特征 x 添加到 VM 中。

规则库包含的基本规则如下:

R_1: if on_vm(叶子脱落) then put_on_vm(落叶树)

R_2: if on_vm(叶子保持) then put_on_vm(常青树)

R_3: if on_vm(阔叶 and 非银杏) then put_on_vm(被子植物)

R_4: if on_vm(针叶) then put_on_vm(裸子植物)

R_5: if on_vm(一子叶) then put_on_vm(单子叶植物)

R_6: if on_vm(二子叶) then put_on_vm(双子叶植物)

R_7: if on_vm(单子叶植物) or on_vm(双子叶植物) then put_on_vm(被子植物)

R_8: if on_vm(松树球果)then put_on_vm(裸子植物)

R_9: if on_vm(二针叶)or on_vm(三针叶)or on_vm(五针叶)or on_vm(簇针叶)then put_on_vm(针叶)

R_{10}: if on_vm(被子植物)and on_vm(落叶树)and on_vm(叶子密集)then put_on_vm(糖槭)

R_{11}: if on_vm(被子植物)and on_vm(常青树)and on_vm(叶子密集)then put_on_vm(冬青树)

R_{12}: if on_vm(被子植物)and on_vm(落叶树)and on_vm(复合叶子)then put_on_vm(核桃树)

R_{13}: if on_vm(裸子植物)and on_vm(常青树)and on_vm(三针叶)then put_on_vm(Ponderosa 松树)

R_{14}: if on_vm(裸子植物)and on_vm(落叶树)and on_vm(簇针叶)then put_on_vm(落叶松树)

R_{15}: if on_vm(裸子植物)and on_vm(常青树)and on_vm(五针叶)then put_on_vm(白松树)

控制器以适当的顺序应用以上规则,模拟植物学家的思维过程,按照产生式系统的工作周期运行,进行树类型的辨识工作。假设系统启动后,通过观察已经获得了三个事实——松树球果、簇针叶、叶子脱落,并把它们添加到了 VM 中,使 VM 包含三个元素,即

VM =(松树球果,簇针叶,叶子脱落)

在产生式系统工作的第一周期中,模式匹配阶段把所有规则的前件与 VM 中的三个元素进行比较测试,发现规则 R_1、R_8、R_9 匹配成功,把这三条规则放入冲突集中。在冲突消解阶段,根据本系统的冲突消解策略——优先启用编号最小,且其后件部分不在 VM 中的规则,启用了规则 R_1。在执行阶段执行 R_1 后件定义的动作,其结论"落叶树"被添加到 VM 中。于是,在第一周期结束时 VM 中包含四个元素,即

VM =(落叶树、松树球果,簇针叶,叶子脱落)

在第二周期中,重新检查所有规则,进行模式匹配,仍然是规则 R_1、R_8、R_9 匹配成功。根据冲突消解策略,虽然 R_1 编号最小,但因其结论"落叶树"已存在于 VM 中,不能被启用,于是,编号次小的规则 R_8 被启用,其结论"裸子植物"添加到了 VM 中。这样,第二周期结束时,VM 中包含五个元素,即

VM =(裸子植物,落叶树,松树球果、簇针叶,叶子脱落)

在第三周期中,规则 R_1、R_8、R_9、R_{14} 匹配成功,根据冲突消解策略,规则 R_9 被启用,VM 中添加了其结论"针叶"。于是,在第三周期结束时 VM 中包含了六个元素,即

VM =(针叶,裸子植物,落叶树,松树球果,簇针叶,叶子脱落)

在第四周期中,规则 R_1、R_4、R_8、R_9、R_{14} 匹配成功,规则 R_{14} 被启用,VM 中添加了其结论"落叶松树"。于是,第四周期结束时 VM 中包含七个元素,即

VM=（落叶松树,针叶,裸子植物,落叶树,松树球果、簇针叶,叶子脱落）

在第五周期中,仍是规则 R_1、R_4、R_8、R_9、R_{14} 匹配成功,但这些规则的结论均已包含在 VM 中,在冲突集中找不到可以应用的规则,于是产生式系统的推理过程结束,获得了系统的最终结论:由初始事实所推断出的树是"落叶松树"。

[例2] 动物分类问题的产生式系统描述及其求解。

设由下列动物识别规则组成一个规则库,推理机采用上述正向推理算法,建立一个产生式系统。该产生式系统就是一个小型动物分类知识库系统。规则:

R_1:若某动物有奶,则它是哺乳动物。

R_2:若某动物有毛发,则它是哺乳动物。

R_3:若某动物有羽毛,则它是鸟。

R_4:若某动物会飞且生蛋,则它是鸟。

R_5:若某动物是哺乳动物且有爪且有犬齿且目盯前方,则它是肉食动物。

R_6:若某动物是哺乳动物且吃肉,则它是肉食动物。

R_7:若某动物是哺乳动物且有蹄,则它是有蹄动物。

R_8:若某动物是有蹄动物且反刍食物,则它是偶蹄动物。

R_9:若某动物是肉食动物毛发黄褐色且有黑色条纹,则它是老虎。

R_{10}:若某动物是肉食动物毛发黄褐色且有黑色斑点,则它是金钱豹。

R_{11}:若某动物是有蹄动物长腿、长脖子且毛发黄褐色有暗斑点,则它是长颈鹿。

R_{12}:若某动物是有蹄动物毛发白色且有黑色条纹,则它是斑马。

R_{13}:若某动物是鸟不会飞、长腿、长脖子且毛发黑白色,则它是鸵鸟。

R_{14}:若某动物是鸟不会飞、会游泳且毛发黑白色,则它是企鹅。

R_{15}:若某动物是鸟善飞且不怕风浪,则它是海燕。

再给出初始事实:

f_1:某动物有毛发。

f_2:吃肉。

f_3:黄褐色。

f_4:有黑色条纹。

目标为:该动物是什么?

推理过程:

初始状态 VM=（某动物有毛发,吃肉,黄褐色,有黑色条纹）

产生式系统工作的第一周期,R_2匹配成功,执行之,此时

VM=（哺乳动物,某动物有毛发,吃肉,黄褐色,有黑色条纹）

产生式系统工作的第二周期,R_6匹配成功,执行之,此时

VM=（肉食动物,哺乳动物,某动物有毛发,吃肉,黄褐色,有黑色条纹）

产生式系统工作的第三周期,R_9匹配成功,执行之,此时

VM=（老虎,肉食动物,哺乳动物,某动物有毛发,吃肉,黄褐色,有黑色条纹）

在第四周期中,仍是规则 R_2、R_6、R_9 匹配成功,但这些规则的结论均已包含在 VM 中,在冲突集中找不到可以应用的规则,于是产生式系统的推理过程结束,获得了系统的最终结

论：由初始事实所推断出的动物是"老虎"。

2. 反向推理

反向推理是从目标(作为假设)出发，反向使用规则，求得已知事实(初始状态)。反向推理也称目标驱动方式或自顶向下的方式，推理过程是：

（1）规则集中的规则后件与目标事实进行匹配，取得匹配的规则集合。

（2）从匹配规则集中选择一条规则作为使用规则。

（3）将使用规则的前件作为子目标。

重复这个过程直至各子目标均为已知事实成功结束。

如果目标明确，则使用反向推理方式效率较高，所以反向推理常为人们所使用。

反向推理的基本过程如图2-26所示。

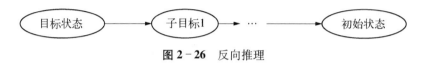

图2-26 反向推理

反向推理算法：

（1）将初始事实/数据置入动态数据库，将目标条件置入目标链。

（2）若目标链为空，则推理成功，结束。

（3）取出目标链中第一个目标，用动态数据库中的事实/数据同其匹配，若匹配成功，转步骤（2）。

（4）用规则集中的各规则的结论同该目标匹配，若匹配成功，则将第一个匹配成功且未用过的规则的前提作为新的目标，并取代原来的父目标而加入目标链，转步骤（3）。

（5）若该目标是初始目标，则推理失败，退出。

（6）将该目标的父目标移回目标链，取代该目标及其兄弟目标，转步骤（3）。

［例］　某产生式系统用于桌面出版系统配置咨询，其规则库内容如下：

R_1：　if　budget_considerations = ok　and　hardware = found
　　　　then　find_rec = ok

R_2：　if　budget_ceiling = high　or　budget > 1000
　　　　then　budget_considerations = ok

R_3：　if　hardware ≠ found　then　find_rec ≠ ok

R_4：　if　find_rec ≠ ok
　　　　then　advice = "There's a problem with your configuration"

R_5：　if　budget_considerations ≠ ok
　　　　then　advice = "Can't afford desktop publishing"

R_6：　if　printer = known　and　monitor = known　and　computer = known
　　　　then　hardware = found

假定系统给定的初始目标是 find_rec，工作存储器 VM 的初始内容为 VM = (printer = known, monitor = known, computer = known)，则系统进行反向推理的过程如下：

（1）由于反向推理由目标驱动，仅考虑直接与目标有关的规则和事实，因此推理机首先搜索规则库，寻找包含初始目标"find-rec"的规则。R_1 符合条件，被选中。

（2）因为 R_1 包含两个条件，推理机先检查其第一个条件。在 VM 中搜索属性 budget_considerations 的值，但 VM 中没有关于 budget_considerations 的事实。由于此条件不是叶子节点，于是把 budget_considerations 作为当前目标，以便搜索可能包含 budget_considerations 值的其他资源，而初始目标 find-rec 被压入暂存目标堆栈中（当对 budget_considerations 的搜索终止时，可将初始目标 find-rec 从暂存目标堆栈中弹出，恢复为当前目标）。

（3）搜索规则库。寻找包含目标"budget_considerations"的规则，R_2 被选中。

（4）检查 R_2 的第一个条件，测试其属性 budget_ceiling 的值是否为"high"。推理机搜索 VM，试图确定 budget_ceiling 的值，但 VM 中没有关于 budget_ceiling 的信息，于是把 budget_ceiling 作为当前目标，而把 budget_considerations 压入暂存目标堆栈中。

（5）搜索规则库，寻找包含目标"budget_ceiling"的规则，没有找到。

（6）向用户询问"budget_ceiling"的值，用户回答"unknown"，R_2 的第一个条件子句匹配失败。于是 budget_ceiling 不再作为当前目标，被从当前目标存储器中移去，而 budget_considerations 被从暂存目标堆栈中弹出，恢复为当前目标。

（7）由于 R_2 的两个条件是"或"关系，只要其中之一为真，R_2 即可为真，所以推理机开始考虑 R_2 的第二个条件，测试其属性 budget 的值，把 budget 作为当前目标，budget_considerations 再次被压入暂存目标堆栈中。但在 VM 中找不到关于"budget"的事实，于是询问用户。

（8）用户回答"2000"，此值被赋予属性 budget，并把"budget = 2000"作为新事实添加到 VM。由于 budget 已有值约束，不再作为当前目标，budget_considel 再次从暂存目标堆栈中弹出，恢复为当前目标。此时：

VM = （budget = 2000，printer = known，monitor = known，computer = known）

因为 VM 发生了变化，推理机重新测试 R_2 的第二个条件。现在"budget>1000"的条件成立，R_2 为真，被启用，其后件属性"budget_considerations"被赋值为"OK"，并添加到 VM 中。这时：

VM = （budget _ considerations = ok，budget = 2000，printer = known，monitor = known，computer = known）

（9）由于 budget_considerations 已获解，不再作为当前目标。初始目标 find_rec 从暂存目标堆栈中弹出，恢复为当前目标，推理机返回到 R_1，测试 R_1 第一个条件的值，测试结果为真。

（10）考虑 R_1 的第二个条件，测试属性 hardware 的值，在 VM 中没有发现关于"hardware"的事实，于是取 hardware 为当前目标，初始目标 find-rec 再次被压入暂存目标堆栈。

（11）搜索规则库，寻找包含目标"hardware"的规则，R_6 被选中。

（12）测试 R_6 的三个条件。

（13）R_6 的三个条件与 VM 中的三个事实匹配成功，R_6 为真，被启用，其结论"hardware = found"被添加到 VM 中。此时：

VM = （hardware = found，budget _ considerations = ok，budget = 2000，printer = known，monitor = known，computer = known）

（14）从暂存目标堆栈中弹出初始目标 find-rec，恢复其为当前目标，测试 R_1 第二个条件的值，因为 VM 中已有了"hardware=found"的事实，此条件为真。

（15）R_1 的两个条件均为真，R_1 为真，find_rec 被赋值"OK"。

由于系统初始目标 find_rec 已经确定，所有当前目标已被释放，暂存目标堆栈中已没有其他目标，于是推理机停止运行，系统给出推理结论"find_rec＝ok"，即桌面出版系统配置已经成功。

3. 双向推理

双向推理也称混合推理。双向推理既自顶向下，又自底向上作推理，直至某个中间界面上两方向结果相符便成功结束。不难想象，这种双向推理较正向或反向推理所形成的推理网络来得小，从而推理效率更高。

双向推理的基本过程如图 2－27 所示。

图 2－27　双向推理

双向推理算法描述：

```
procedure Mixed_method;
begin
      repeat
      let user enter data into the database;
      call procedure "generate" to generate new facts which are added to the database;
      call "select_hapothesis" to select a goal statement E;
      call "validate(E)";
   until the problem is solved
end.
```

函数 select_hapothesis 使用前一步产生的事实，以选择系统下一步试图满足的目标。

4. 产生式系统的应用实例

[**例**]　传教士和野人问题（Missionaries and cannibals）：

有 N 个传教士和 N 个野人来到河边准备渡河，河岸有一条船，每次至多可供 K 个人乘渡。问传教士为了安全起见，应如何规划摆渡方案，使得任何时刻河岸两边以及船上的野人数目总是不超过传教士的数目。即求解传教士和野人从左岸全部摆渡到右岸的过程中，任何时刻满足 M（传教士数）$\geqslant C$（野人数）和 $M+C \leqslant K$ 的摆渡方案。

该问题使用状态空间图和产生式系统相结合的方法来解决。

设 $N＝M＝C＝3$，$K＝2$，则给定问题的状态图如图 2－28 所示。

图中的 L 和 R 表示左岸和右岸，M_L 表示左岸传教士的人数，C_L 表示左岸野人的人数，B_L 表示左岸船只的状态，$B＝0$ 或 1 分别表示无船和有船。约束条件是：两岸上 $M \geqslant C$，船上 $M+C \leqslant 2$。

（1）综合数据库用三元组表示，即(M_L, C_L, B_L)，其中 $0 \leqslant M_L \leqslant 3$，$0 \leqslant C_L \leqslant 3$，$B_L \in \{0, 1\}$，此时问题描述简化为

	L	R
M	3	0
C	3	0
B	1	0

	L	R
M	0	3
C	0	3
B	0	1

初始状态 目标状态

图 2-28 传教士和野人问题状态

$$(3,3,1) \rightarrow (0,0,0)$$

$N = 3$ 的 $M-C$ 问题, 状态空间的总状态数为 $4 \times 4 \times 2 = 32$。根据约束条件的要求, 可以看出只有 20 个合法状态。进一步分析后, 又发现有 4 个状态实际上是不可能达到的, 因此实际问题空间仅由 16 个状态构成。下面列出分析结果。

$(M_L \quad C_L \quad B_L)$
$(0 \quad 0 \quad 1)$ 达不到
$(0 \quad 1 \quad 1)$
$(0 \quad 2 \quad 1)$
$(0 \quad 3 \quad 1)$
$(1 \quad 0 \quad 1)$ 不合法
$(1 \quad 1 \quad 1)$
$(1 \quad 2 \quad 1)$ 不合法
$(1 \quad 3 \quad 1)$ 不合法
$(2 \quad 0 \quad 1)$ 不合法
$(2 \quad 1 \quad 1)$ 不合法
$(2 \quad 2 \quad 1)$
$(2 \quad 3 \quad 1)$ 不合法
$(3 \quad 0 \quad 1)$ 达不到
$(3 \quad 1 \quad 1)$
$(3 \quad 2 \quad 1)$
$(3 \quad 3 \quad 1)$
$(0 \quad 0 \quad 0)$
$(0 \quad 1 \quad 0)$
$(0 \quad 2 \quad 0)$
$(0 \quad 3 \quad 0)$ 达不到
$(1 \quad 0 \quad 0)$ 不合法
$(1 \quad 1 \quad 0)$
$(1 \quad 2 \quad 0)$ 不合法
$(1 \quad 3 \quad 0)$ 不合法
$(2 \quad 0 \quad 0)$ 不合法
$(2 \quad 1 \quad 0)$ 不合法

(2　3　0)不合法

(3　0　0)

(2　2　0)

(3　1　0)

(3　2　0)

(3　3　0)达不到

（2）规则集合：P_{MC}操作规定 M 个传教士和 C 个野人从左岸向右岸；q_{MC} 操作规定 M 个传教士和 C 个野人从右岸向左岸。

船上人有 5 种组合,因而组成 10 条规则集合：

if (M_L, C_L, B_L = 1) then　($M_L - 1$, C_L, $B_L - 1$)：（P_{10}）

if (M_L, C_L, B_L = 1) then　(M_L, $C_L - 1$, $B_L - 1$)：（P_{01}）

if (M_L, C_L, B_L = 1) then　($M_L - 1$, $C_L - 1$, $B_L - 1$)：（P_{11}）

if (M_L, C_L, B_L = 1) then　($M_L - 2$, C_L, $B_L - 1$)：（P_{20}）

if (M_L, C_L, B_L = 1) then　(M_L, $C_L - 2$, $B_L - 1$)：（P_02）

if (M_L, C_L, B_L = 0) then　($M_L + 1$, C_L, $B_L + 1$)：（q_{10}）

if (M_L, C_L, B_L = 0) then　(M_L, $C_L + 1$, $B_L + 1$)：（q_{01}）

if (M_L, C_L, B_L = 0) then　($M_L + 1$, $C_L + 1$, $B_L + 1$)：（q_{11}）

if (M_L, C_L, B_L = 0) then　($M_L + 2$, C_L, $B_L + 1$)：（q_{20}）

if (M_L, C_L, B_L = 0) then　(M_L, $C_L + 2$, $B_L + 1$)：（q_{02}）

（3）摆渡方案的实现如图 2-29 所示。

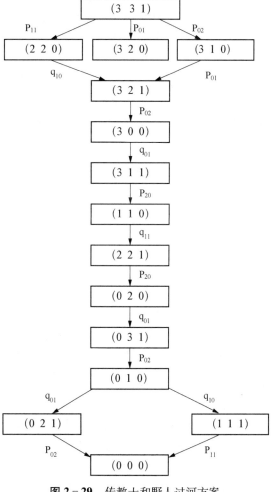

图 2-29　传教士和野人过河方案

2.4　问题归约法

在现实的问题求解过程中,面对求解复杂问题时,直接求解往往比较困难。人们通常采取把复杂的问题,分解或变换为若干需要同时处理的较为简单的子问题或新问题,然后对这些子问题或新问题加以求解,来实现对初始问题的求解。只有当这些子问题或新问题全部解决时,问题才算解决,问题的解答就由子问题或新问题的解答联合构成。

问题归约可以递归进行,直到把问题变换为本原问题的集合。本原问题指不可或者不需要通过变换化简的"原子"问题,本原问题的解可以直接得到,从而使初始问题得到解决。这种把一个复杂问题分解或变换为一组本原问题的过程称为归约。

2.4.1 问题归约表示

问题归约表示可用三元组(S, F, G)来规定与描述问题,其中:

(1) S 为一个初始问题描述。

(2) F 为一套把问题变换为子问题的算符。

(3) G 为一套本原问题描述。

尽管问题归约方法和状态空间法都可以用三元组(S, F, G)来描述问题,但是二者是不一样的,归约法是比状态空间法更通用的问题求解方法。

问题归约方法的问题描述可以有表列、树、字符串、矢量、数组或其他形式的数据结构,算符把初始问题描述变换为子问题描述的集合,变换得到的所有子问题的解就是父辈问题的一个解。

2.4.2 与/或图表示

当把一个复杂问题归约为一组本原问题时,其归约过程可以用一个与/或图来表示,其中起始节点对应于原始问题描述,终叶节点对应于本原问题。

1. 与图

当把一个复杂问题 P 分解为若干个子问题 P_1、P_2、…、P_n 时,可用一个"与图"来表示这种分解,P 称为"与"节点。

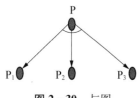

图 2-30 与图

例如,设问题 P 可以分解为 P_1、P_2、P_3 这 3 个子问题,即对问题 P 的求解相当于同时求解问题 P_1、P_2、P_3,则 P 与 P_1、P_2、P_3 之间的关系可用如图 2-30 所示的"与图"表示。

2. 或图

当把一个复杂问题 P 变换为若干个与之等价的新问题 P_1、P_2、…、P_n 时,可用一个"或图"来表示这种变换,P 称为"或"节点。

例如,设问题 P 可以变换为 P_1、P_2、P_3 这 3 个新问题中的任何一个,即 P 与这 3 个新问题中的任何一个都是等价的,于是问题 P_1、P_2、P_3 中的任何一个被求解,即问题 P 得到求解则 P 与 P_1、P_2、P_3 之间的关系可用如图 2-31 所示的"或图"表示。

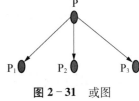

图 2-31 或图

3. 与/或图

如果一个问题既需要通过分解,又需要通过变换才能得到其本原问题,则其求解过程可用"与/或图"来表示,如图 2-32 所示。

4. 可解节点

与/或图中一个可解节点的一般定义如下:

(1) 终叶节点是可解节点。

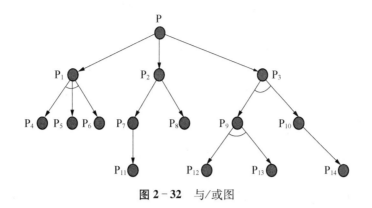

图2-32　与/或图

（2）若某个非叶节点含有或后继节点，则只有当其后继节点至少有一个是可解的，此非终叶节点才是可解的。

（3）若某个非终叶节点含有与后继节点，则只要当其后继节点全部为可解的，此非终叶节点才是可解的。

5. 不可解节点

当与/或图中某些非终叶节点没有后继节点时，就认为它是不可解的。不可解节点的出现，可能意味着图中包括起始节点在内的另外一些节点，也是不可解的。

不可解节点一般定义如下：

（1）没有后裔的非终叶节点为不可解节点。

（2）若某个非终叶节点含有或后继节点，则只有当其全部后裔为不可解时，此非终叶节点才是不可解的。

（3）若某个非终叶节点含有与后继节点，则只要其后裔至少有一个为不可解时，此非终叶节点就是不可解的。

6. 用与/或图表示问题的步骤

（1）对所要求的问题进行分解或等价变换。

（2）若所得的子问题不是本原问题，则继续分解或变换，直到分解或变换为本原问题。

（3）在分解或变换中，若是不等价的分解，则用"与图"表示；若是等价变换，则用"或图"表示。

7. 与/或图的构成规则

（1）与/或图中的每个节点代表一个要解决的单一问题或问题集合，起始节点对应于原始问题。

（2）对应于本原问题的节点，称作终叶节点，它没有后裔。

（3）对于把算符应用于问题P的每种可能情况，都把问题变换为一个子问题集合；有向弧线自P指向后继节点，表示所求得的子问题集合。

（4）对于代表两个或者两个以上子问题集合的每个节点，有向弧线从此节点指向此子节点问题集合的各个节点。由于只有当集合中所有项都解时，这个子问题的集合才能获得解答，所以这些子问题节点称作与节点。为了区别于或节点，把具有共同父辈的与节点后裔的所有弧线用另外一小弧线连接起来。

（5）特殊情况下，当只有一个算符可应用于问题，而且这个算符产生具有一个以上子问题的某个集合时,代表子问题集合的中间或节点可以省略。

用与/或图法求解问题的解图是由可解节点构成,并且可由这些可解节点推出包含对应着原始问题的初始节点,解图是可解节点的子图。

2.5 谓词逻辑表示及归结原理

本节主要讨论运用逻辑来对知识进行表达。逻辑的种类很多,如谓词逻辑、模态逻辑、参态逻辑、次协调逻辑、粗糙逻辑、认知逻辑、动态逻辑、模糊逻辑、时序逻辑、动态模糊逻辑、非单调逻辑等,这里主要介绍一阶谓词逻辑。

2.5.1 命题逻辑

1. 命题及其表示法

命题指具有确定真假值的陈述句。命题的"值"称为真值。真值只有"真"和"假"两种,记作 Ture(真)和 False(假),分别用符号 T 和 F 表示。

看下列句子:

(1) 中国人民是伟大的。

(2) 雪是黑的。

(3) 1+101＝110

(4) 别的星球上有生物。

(5) 全体立正!

(6) 明天是否开大会?

(7) 天气多好啊!

(8) 我正在说谎。

(9) 我学英语,或者学日语。

(10) 如果天气好,那么我去散步。

上述句子中(1)、(2)、(3)、(4)、(9)、(10)是命题,(8)是悖论,(5)、(6)、(7)不是陈述句,因此不是命题。

一般用大写字母 A、B、C、D、…或带下标的大写字母或数字表示命题。表示命题的符号称为命题标识符。一个命题标识符如表示确定的命题,就称为命题常量。如果命题标识符只表示任意命题的位置标志,就称为命题变元。

注意:因为命题变元可以表示任意命题,所以它不能确定真值,故命题变元不是命题。当命题变元 P 用一个特定命题取代时,P 才能确定真值,这时也称对 P 进行真值指派。

2. 联结词

1) 否定

设 P 为一命题,P 的否定是一个新命题,记作¬ P。若 P 为真,¬ P 为假;若 P 为假,¬ P 为真。

[例]

P:上海是一个大城市。

￢P：上海不是一个大城市。

2）合取

两个命题 P 和 Q 的合取是一个复合命题，记作 P∧Q。当且仅当 P、Q 同时为 T 时，P∧Q 为 T，在其他情况下，P∧Q 的真值都是 F。

[例 1]

P：今天下雨。

Q：明天下雨。

上述命题的合取为：

P∧Q：今天下雨而且明天下雨。或表述为：今天与明天都下雨。

[例 2]

P：我们去看电影。

Q：房间里有 10 张桌子。

P∧Q：我们去看电影与房间里有 10 张桌子。

3）析取

两个命题 P 和 Q 的析取是一个复合命题，记作 P∨Q。当且仅当 P、Q 同时为 F 时，P∨Q 为 F，在其他情况下，P∨Q 的真值都是 T。

注意：析取指的是"可兼或"。

[例 1]　今天晚上我在家看电视或去剧场看戏。

[例 2]　他可能是 100 米或 400 米赛跑的冠军。

[例 3]　他昨天做了 20 或 30 道题。

上面 3 个例子中只有例 2 可用析取来表示。例 1 中的"或"是排斥或，不能用析取表示，而例 3 中的"或"表示近似数，因此也不能用析取表示。

4）条件

给定两个命题 P 和 Q，其条件命题是一个复合命题，记作 P→Q，读作"如果 P，那么 Q"或"若 P 则 Q"。当且仅当 P 的真值为 T，Q 的真值时为 F 时，P→Q 的真值为 F，否则，P→Q 的真值为 T。P 称为前件，Q 称为后件。

在自然语言中，"如果"与"那么"之间常常是有因果关系的，否则就没有意义，但对条件命题 P→Q 来说，只要 P、Q 能够分别确定真值，P→Q 即成为命题。

自然语言中对"如……，则……"这样的语句，当前提为假时，结论不管真假，这个语句的意义往往无法判断。而在条件命题中，规定为"善意的推定"，即前提为 F 时，条件命题的值都取为 T。

[例 1]　如果某动物为哺乳动物，则它必是胎生。

[例 2]　如果我得到这本小说，那么我今晚就读完它。

[例 3]　如果雪是黑的，那么太阳从西方出来。

上面三个例子中的句子均可用条件命题来表示。

5）双条件

给定两个命题 P 和 Q，其复合命题 P⇔Q 称作双条件命题，读作"P 当且仅当 Q"。当 P 和 Q 的真值相同时，P⇔Q 的真值为 T，否则 P⇔Q 的真值为 F。

[例 1]　两个三角形全等，当且仅当它们的三组对应边相等。

[**例2**] 燕子飞回南方,春天来了。

[**例3**] 2+2＝4 当且仅当雪是白的。

上面三个例子中的句子均可用双条件命题来表示。

3. 命题公式与翻译

命题演算的合式公式,规定为:

(1) 单个命题变元本身是一个合式公式。

(2) 如果 P 是合式公式,那么¬ P 是合式公式。

(3) 如果 P 和 Q 是合式公式,那么(P∧Q),(P∨Q),(P→Q),(P↔Q)都是合式公式。

(4) 当且仅当能够有限次地应用(1)(2)(3),所得到的包含命题变元、连接词和括号的符号串是合式公式。

4. 命题的解释

命题的解释如图 2－33、图 2－34 所示。

P	Q	P∧Q	P∨Q
T	T	T	T
T	F	F	T
F	T	F	T
F	F	F	F

图 2－33 真值表 1

P	Q	¬ P	¬ P∨Q	P→Q	(¬ P∨Q)=(P→Q)
T	T	F	T	T	T
T	F	F	F	F	T
F	T	T	T	T	T
F	F	T	T	T	T

图 2－34 真值表 2

基本恒等式:

(1) ¬ (¬ P) = P

(2) (P ∨ Q) = (¬ P→Q)

(3) 德·摩根律:¬ (P ∨ Q) = (¬ P ∧ ¬ Q)

$\qquad\qquad$ ¬ (P ∧ Q) = (¬ P ∨ ¬ Q)

(4) 分配律:P ∨ (Q ∧ R) = (P ∨ Q) ∧ (P ∨ R)

$\qquad\qquad$ P ∧ (Q ∨ R) = (P ∧ Q) ∨ (P ∧ R)

(5) 交律律:(P ∧ Q) = (Q ∧ P)

$\qquad\qquad$ (P ∨ Q) = (Q ∨ P)

(6) 结合律:((P ∧ Q) ∧ R) = (P ∧ (Q ∧ R))

$\qquad\qquad$ ((P ∨ Q) ∨ R) = (P ∨ (Q ∨ R))

(7) 置换律:(P→Q) = (¬ Q→¬ P)

[例 1]　我们要做到身体好、学习好、工作好,为祖国建设而奋斗。

A:我们要做到身体好。

B:我们要做到学习好。

C:我们要做到工作好。

D:我们要为祖国建设奋斗。

命题可形式化为 $(A \wedge B \wedge C) \leftrightarrow P$

[例 2]　他既聪明又用功。

P:他聪明。　　Q:他用功。

则命题可表示为 $P \wedge Q$。

[例 3]　除非你努力,否则你将失败。

P:你努力　　Q:你失败

命题表示为: $\neg P \rightarrow Q$。

2.5.2　谓词逻辑

命题是反映判断的句子,不反映判断的句子不是命题,而且命题具有很大的局限性。

例如:张三星期一至星期五都在教室上自习。

如果用 P 表示张三上自习,用 P1 表示张三星期一上自习,用 P2 表示张三星期二上自习,…用 P5 表示张三星期五上自习,该问题用命题公式表示,则可表示为: $P \wedge P1 \wedge P2 \wedge P3 \wedge P4 \wedge P5$。

可以看出,命题逻辑能够表示客观世界的各种事实,但是不适合表达比较复杂的问题。

1. 谓词的概念与表示

谓词用于刻画客体的性质或关系,可以简洁地表示用命题表示起来较复杂的事件,甚至能表达无法用命题逻辑表达的事情。

上述问题,如果用 P 表示张三上自习,用 1, …, 5 表示星期一至星期五,则用谓词表示如图 2 - 35 所示。

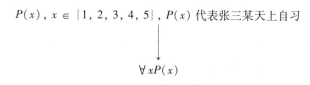

图 2 - 35　谓词表示事件

注意:用谓词表达命题,必须包括客体和谓词字母两个部分。

例如:

(1) 他是三好学生。

(2) 7 是质数。

(3) 每天锻炼身体是好习惯。

(4) 5 大于 3。

(5) 哥白尼指出地球绕着太阳转。

在上述语句中,前三个是指明客体性质的谓词,后两个是指明两个客体之间关系的谓词。

"b 是 A"类型的命题可用谓词 $A(b)$ 表达。

"a 小于 b"这种两个客体之间关系的命题,可用谓词表达为 $B(a,b)$,这里 B 表示"小于"。

通常把 $A(b)$ 称作一元谓词,$B(a,b)$ 称作二元谓词,$L(a,b,c)$ 称作三元谓词,依次类推。一元谓词表达了客体的"性质",多元谓词表达了客体之间的关系。

2. 谓词演算的语法和语义

谓词演算是一种形式语言,能用数学演绎的方式导出一个新的语句,并且能够判断这个语句的正确性。

谓词演算是人工智能中一种常用的知识表示方法,可表示各种描述语句,例如在产生式系统中,用来表达综合数据库、规则集的描述等。谓词演算体系中的一些演绎推理方法,还可用来建立自动定理证明系统、问答系统、基于规则的演绎系统等。

谓词演算联结词 ¬、∧、∨、→、↔ 的意义与命题演算中的解释完全相同。

例如:设 $S(x)$ 表示"x 学习很好",用 $W(x)$ 表示"x 工作很好"。则 ¬$S(x)$ 表示"x 学习不是很好"。$S(x) \land W(x)$ 表示"x 的工作、学习都很好"。$S(x) \rightarrow W(x)$ 表示"x 的学习很好,则 x 的工作得很好"。

定义 1 谓词演算符号的字母表

谓词演算符号的字母表组成如下:

(1) 英语字母集合,包括大写与小写,如 $A, a, B, b, \cdots$

(2) 数字集合,如 $0, 1, \cdots, 9$

(3) 下划线

注意:该字母表中不包括#, %, @, 1, &, ","等字符。

定义 2 谓词演算的符号集和项的概念

(1) 谓词演算的符号集包括如下元素:

① 真值符号:true,false。

② 常元符号:第一个字符为小写字母的符号表达式。常元指世界中特定事物或特性命名,如 tree,blue 等。

③ 变元符号:第一个字符为大写字母的符号表达式。变元符号用于命名世界的一般类型的对象或特性,如 George,Bill,Kate 等。

④ 函词符号:第一个字符为小写字母的符号表达式,函词有一个元数,指出从定义域中映射到值域中的每个元素。函词代表从一个集合(称为函词的定义域)的一个元素或多个元素,到另一个集(值域)的唯一元素的映射。

⑤ 连接词:∨、∧、¬、→, ↔。

⑥ 谓词演算中的量词:

"∀"全称量词,表示"任一"的意义。

"∃"存在量词,表示存在"某一"的意义。

(2) 项的概念。一个项是一个常元或变元或函词表达式。函词表达式是函词符号后面加上它的参数,参数是函词定义域中的元素,参数的个数等于函词的元数,参数用括号括起来,并用逗号隔开,如 $f(X, Y, Z)$。

一个 n 元函词表达式项以 n 元函词表达式开头,后跟用括号括起来的 n 个项——t_1, t_2, $\cdots$, t_n,项间用逗号分开,如 $f(t_1, t_2, \cdots, t_n)$

注意:函词和函数有同等意义,只是这里的函词对应为离散概念。函数和函词的比较如图 2-36 所示。

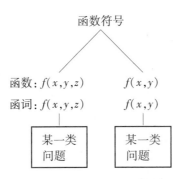

图 2-36　函数和函词比较

定义 3　谓词演算的命题

每个原子命题是命题。

如果 S 是命题,那么 $\neg S$ 也是命题。

如果 $S1, S2$ 是命题,那么 $S1 \wedge S2$, $S1 \vee S2$, $S1 \rightarrow S2$, $S1 \leftrightarrow S2$ 也都是命题。

如果 x 是一个变元,S 是一个命题,那么 $(\forall x)S, (\exists x)S$ 也是命题。

定义 4　一阶谓词演算

一阶谓词之间的运算称其为一阶谓词演算。

注意:一阶谓词演算只允许约束变元代表论域中的对象,而不能代表谓词或函词,如图 2-37 所示。

$\forall$(likes) likes(george, kate)不是一阶谓词的合式表达式,但在高阶谓词演算中是有意义的。

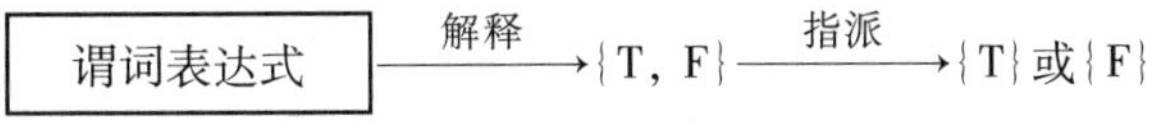

$$\boxed{\text{谓词表达式}} \xrightarrow{\text{解释}} \{T, F\} \xrightarrow{\text{指派}} \{T\} \text{ 或} \{F\}$$

图 2-37　谓词演算

[**例 1**]　"George 和 Kate、Susie 是朋友"可表示为 friends(george, susie) $\wedge$ friends(george, kate),此时的真值指派为 T。若 George 和 Kate 不是朋友,则第一式指派为 T,第二式指派为 F。

[**例 2**]　把下列英文句子翻译成谓词表达式。

(1) All basketball players are tall:$\forall X(\text{basketball-player}(X) \Rightarrow \text{tall}(X))$

(2) Some people like anchovies:$\exists X(\text{person}(X) \wedge \text{likes}(X, \text{anchovies}))$

(3) Nobody likes taxes:$\neg \exists X \text{ likes}(X, \text{taxes})$

[**例 3**]　用谓词表示圣经家谱中的家庭成员的关系。

mother(eve, $\overset{\frown}{\text{abel}}$)　次子

mother(eve, $\overset{\frown}{\text{cain}}$)　长子

father（adam，abel）

father（adam，cain）

$(\forall X)(\forall Y)((\mathrm{father}(X,Y)\vee \mathrm{mother}(X,Y))\rightarrow \mathrm{parent}(X,Y))$

$(\forall X)(\forall Y)(\forall Z)((\mathrm{parent}(X,Y)\wedge \mathrm{parent}(X,Z))\rightarrow \mathrm{sibling}(Y,Z))$

3. 谓词演算的基本关系式

（1）蕴涵等价式：

$P(X)\rightarrow Q(X)\equiv \neg P(X)\vee Q(X)$

（2）德·摩根律：

$\neg (P(X)\vee Q(X))\equiv \neg P(X)\wedge \neg Q(X)$

$\neg (P(X)\wedge Q(X))\equiv \neg P(X)\vee \neg Q(X)$

（3）分配律：

$P(X)\wedge (Q(X)\vee R(X))\equiv (P(X)\wedge Q(X))\vee (P(X)\wedge R(X))$

$P(X)\vee (Q(X)\wedge R(X))\equiv (P(X)\vee Q(X))\wedge (P(X)\vee R(X))$

（4）交换律：

$P(X)\wedge Q(X)\equiv Q(X)\wedge P(X)$

$P(X)\vee Q(X)\equiv Q(X)\vee P(X)$

（5）结合律：

$(P(X)\wedge Q(X))\wedge R(X)\equiv P(X)\wedge (Q(X)\wedge R(X))$

$(P(X)\vee Q(X))\vee R(X)\equiv P(X)\vee (Q(X)\vee R(X))$

（3）全称量词与存在量词的否定：

$\neg (\exists X)P(X)\equiv (\forall X)\neg P(X)$

$\neg (\forall X)P(X)\equiv (\exists X)\neg P(X)$

（4）变元代换：

$(\exists X)P(X)\equiv (\exists Y)P(Y)$

$(\forall X)Q(X)\equiv (\forall Y)Q(Y)$

（5）作用域分解：

$(\forall X)(P(X)\wedge Q(X))\equiv (\forall X)(P(X))\wedge ((\forall Y)(Q(Y)))$

$(\exists X)(P(X)\vee Q(X))\equiv (\exists X)P(X)\vee (\exists Y)Q(Y)$

4. 逻辑表示应用举例

[例1] 积木世界（见图2-38）。

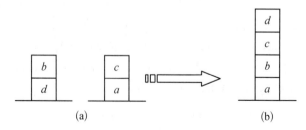

图2-38 积木世界

（a）初始状态 （b）目标状态

初始状态可描述为：on (c, a)，on (b, d)，ontable (a)，ontable (d)，clear (c)，clear (b)，hand_empty

目标状态描述为：on (b, a) $\wedge$ on (c, b) $\wedge$ on (d, c) $\wedge$ ontable (a) $\wedge$ hand_empty

下述的规则描述了何时积木顶上为空：

$\forall X(\neg \exists Y on(Y, X) \rightarrow clear(X))$

描述将一个积木堆放在另一个积木顶上的规则：

$\forall X \forall Y(hand\_empty \wedge clear(X) \wedge clear(Y) \wedge pick\_up(X) \wedge put\_down(X, Y) \rightarrow stack(X, Y))$

[例 2]　梵塔难题。

有 3 个柱子(1、2 和 3)和 3 个不同尺寸的圆盘(A、B 和 C)。在每个圆盘的中心有个孔，所以圆盘可以堆叠在柱子上。最初，全部 3 个圆盘都堆在柱子 1 上，最大的圆盘 C 在底部，最小的圆盘 A 在顶部。要求把所有圆盘都移到柱子 3 上，每次只许移动一个，而且只能搬动柱子顶部圆盘，还不许把尺寸大的圆盘堆在尺寸小的圆盘上。

这个问题的初始状态和目标状态如图 2-4 所示。

解：先将问题化成谓词公式。

(1) 盘：disk(X)　　　$X \in \{A, B, C\}$。

(2) 针：pee(X)　　　$X \in \{1, 2, 3\}$。

(3) 盘的大小：

$\forall X \forall Y \forall Z(smaller(X, Y) \wedge smaller(Y, Z) \rightarrow smaller(X, Z))$

表示：$X < Y$　且　$Y < Z \rightarrow X < Z$，　　　$X, Y, Z \in \{A, B, C\}$

题中的常量：smaller(A, B) $\wedge$ smaller(B, C)

表示：$A < B$　且　$B < C$

由此显然有：smaller(A, B) $\wedge$ smaller(B, C) $\rightarrow$ Smaller(A, C)

(4) 状态 sit。

on(X, Y, S) 表示在状态 S 中，X 盘位于 Y 之上。

(5) X 上没有盘。

$\forall X \forall S(free(X, S) \equiv \neg \exists Y(on(Y, X, S)))$

表示在 S 状态下，X 上是空的或不存在 Y 在 X 上。

legal 的定义：

$\forall X \forall Y \forall S legal(X, Y, S) \equiv (free, (X, S) \wedge free(Y, S) \wedge disk(X) \wedge smaller(X, Y)$

表示：在状态 S 下，X 到 Y 的移动是合理的，当且仅当 X, Y 是自由的，且 Y 较大。

(6) $\forall S \forall S' \forall X \forall Y \cdot S' = move(X, Y, S) \rightarrow (on(X, Y, S') \wedge \forall Z Z_1 \cdot ((\neg (Z = X) \wedge \neg (Z_1 = Y) \rightarrow (on(Z, Z_1, S) \equiv on(Z, Z_1, S')) \wedge \forall Z(on(X, Z, S) \rightarrow free(Z, S')))$

表示：在两个对象和状态上，产生一个新状态，其中第一个对象在第二个对象之上，将这种新状态记为 S'，S' 表示移动后 X 在 Y 之上，若 X 原来在另一个对象 Z 上，则 Z 为自由，其他对象状态不变。

S' 的定义：

当 move 合法时，S' 将变成一个新的状态：

$\forall XYS, Legal(X, Y, S) \equiv situation(move(X, Y, S))$

[**例3**]　猴子和香蕉问题(见图2－39)。

假设房间里有一个机器人"猴子",位于 a 点。c 点上方的天花板上有一串香蕉,"猴子"想得到它,但是够不着。房间内的 b 点还有一只箱子。如果"猴子"站到箱子上,就可以够着天花板。试为"猴子"制定一个得到香蕉的行动计划。

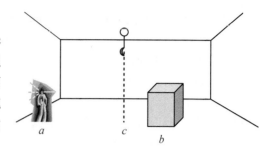

图2－39　猴子和香蕉问题

首先,用一阶谓词对问题进行形式化的描述。假定谓词 locat(X, Y, S) 表示在 S 状态下 X 位于 Y 处,S_0 为初始状态,则:

locat(MON, a, S_0)——猴子位于 a 点。

locat(BOX, b, S_0)——箱子位于 b 点。

locat(BAN, c, S_0)——香蕉位于 c 点上方。

猴子为了得到香蕉,首先得走近箱子。

谓词 go(X, Y, S) 表示在 S 状态,猴子由 X 走到 Y 处:

$$\forall S \forall S' \forall X \forall Y \cdot S' = \text{go}(X, Y, S) \rightarrow (\text{locat}(\text{MON}, X, S)) \wedge \text{locat}(\text{BOX}, Y, S)$$
$$\wedge (X \neq Y) \rightarrow (\text{locat}(\text{MON}, Y, S') \wedge \text{atbox})$$

其中 S' 表示经 go 谓词后,出现的新状态,谓词 atbox 没有自变量,它表示猴子已经位于箱子处,即 locat$(\text{MON}, Y, S') \wedge$ locat(BOX, Y, S')。

谓词 push(X, Y, S) 的作用是在状态 S 中,猴子推着箱子从 X 处移动到 Y 处,该谓词的定义如下:

$$\forall S \forall S' \forall X \forall Y \cdot S' = \text{push}(X, Y, S) \rightarrow (\text{locat}(\text{BOX}, X, S) \wedge \text{locat}(\text{BAN}, Y, S)$$
$$\wedge \text{atbox} \rightarrow \text{locat}(\text{BOX}, Y, S') \wedge \text{underbanana}(S'))$$

其中 underbanana(S') 表示在状态 S' 时,猴子和箱子都在香蕉的正下方。

分别定义谓词 standon(S),getbanana(S) 分别表示登上箱和获取香蕉的操作。

有以下等式:

$$\text{getbanana}(S'') \equiv \text{standon}(S') \equiv \text{underbanana}(S)$$

当猴子和箱子都在香蕉的正下方时,猴子就可以登上箱子,获取香蕉,从而求解了该问题,其中 S, S, S'' 分别表示猴子所处的三个状态。

[**例4**]　史密斯家族聚会问题。

史密斯家族几十年来第一次聚到一起。四个姐妹已结婚,通过随意的交谈,他们发现了某些共同的习惯和兴趣,能使两对或更多的夫妇一起度过一个令人愉快的假期。

夫妇们的兴趣和习惯种类是:

(1) 饮食爱好和习惯

(2) 娱乐偏爱

(3) 度假偏爱

(4) 早上起床时间

夫妇们的兴趣和习惯以及名字已被存入数据库中,要求用户根据所给的信息,找出两对有类似兴趣的夫妇。

创建一个数据库和一组规则,数据库谓词 married(X, Y)表示 X 与 Y 结婚,Y 的个体域是四个姐妹,X 的个体域是她们的丈夫。

与夫妇们的习惯和兴趣有关的谓词有:

diet(X, Y_1):X 喜欢食物 Y_1。

entertainment(X, Y_2):X 娱乐偏爱是玩 Y_2。

location(X, Y_3):X 喜欢度假日去 Y_3 旅游。

rise_time(X, Y_4):X 喜欢早上起床时间是 Y_4。

X 的个体域是夫妇中丈夫的名字,Yi 是对话中所表达的数据。夫妇中如果对某种兴趣或习惯无所谓,将导致生成两个谓词。

例如,"约翰喜欢到任何地方旅游"可表示成:

location (John, city)

location (John, country)

这两个谓词都可以用在匹配处理中。

假定数据库中给出了该问题的初始状态,共有五类谓词:

(1) 描述已婚夫妇对的谓词:

married("John", "Mary")

married("Sam", "Jand")

married("Ron", "Amy")

married("Bill", "Alice")

(2) 描述夫妇对饮食爱好和习惯的谓词(第一个体为夫妇对中丈夫的名字,以下同):

diet("John", "vegetarian")

diet("Sam", "non-vegetarian")

diet("Ron", "vegetarian")

diet("Ron", "non-vegetarian")

diet("Bill", "vegetarian")

diet("Bill", "non-vegetarian")

(3) 描述夫妇对兴趣爱好的谓词:

entertainment("John", "movies")

entertainment("Sam", "movies")

entertainment("Ron", "movies")

entertainment("Ron", "dancing")

entertainment("Bill", "dancing")

(4) 描述夫妇对度假偏爱的谓词:

location("John", "city")

location("John", "country")

location("Sam", "country")

location("Ron", "country")

location("Bill", "city")

（5）描述夫妇对早起习惯的谓词：

rise_time("John", "early")

rise_time("Sam", "late")

rise_time("Ron", "early")

rise_time("Bill", "late")

现在定义谓词 sameinterest(X, Y) 表示两对夫妇对以上四类均有共同兴趣，其中 X, Y 分别表示两对不同夫妇对中丈夫的名字。

$$\exists X_1 X_2 Y_1 Y_2 D_1 D_2 E_1 E_2 L_1 L_2 R_1 R_2$$

$$\text{sameinterest}(X_1, Y_1) \rightarrow ((\text{married}(X_1, X_2) \wedge \text{married}(Y_1, Y_2)))$$
$$\wedge (\neg X_1 = Y_1) \wedge (\text{diet}(X_1, D_1) \wedge \text{diet}(Y_1, D_2) \wedge (D_1 = D_2))$$
$$\wedge (\text{entertainment}(X_1, E_1) \wedge \text{entertainment}(Y_1, E_2) \wedge (E_1 = E_2))$$
$$\wedge (\text{location}(X_1, L_1) \wedge \text{location}(Y_1, L_2) \wedge (L_1 = L_2))$$
$$\wedge (\text{rise\_time}(X_1, R_1) \wedge \text{rise\_time}(Y_1, R_2) \wedge (R_1 = R_2))$$

然后，根据以上规则逐条匹配数据库中的事实，直到找到两对兴趣完全相同的夫妇，或者干脆找不到。

结论：

一阶谓词逻辑要求一个确切的句法、语义以及真值和推理符号。弄清想要表达的是什么以及如何根据一事实集合推导出可能的结果，是逻辑形式化最为鲜明的特色。

逻辑表示的主要优点有：

（1）逻辑表示是表达各种符号的极其自然的方法。

（2）逻辑表示非常精确，确定一个目标表达式的真假，或找出达到目标状态的操作过程是按照严格的演绎结构实现的。这种演绎结构可以保证其求解过程是正确的，而且演绎过程可以完全形式化以便在计算机中实现，其他几种知识表示模式则很难做到。

（3）逻辑表示极其灵活。因为逻辑知识表示对实际做出的推论的处理种类没有限制，对特殊事实可按任一种方法表达而不必考虑可能性。

（4）逻辑表示很标准，且模块性好。逻辑推理是公理集合中演绎而得出结论的过程。逻辑及形式系统所具有的重要性质，可以保证知识库中新旧知识在逻辑上的一致性（或通过一套相应的处理过程检验）和所演绎出来的结论的正确性。而其他的表示方法在这点上还不能与其相比。

尽管逻辑表示法在实际人工智能系统上得到应用，但此方法仍然有一定的缺点：

（1）逻辑表示模式表达和处理分离。

（2）谓词表示越细、表示越清楚，推理越慢、效率越低。

（3）具有归纳结构的知识、多层次的知识类型都难以用一阶谓词来描述。

2.5.3　一阶谓词演算的基本体系

下面将简要介绍一阶谓词逻辑的一些基本体系以及它们在人工智能领域中的应用。

1. 概述

一阶谓词演算体系首先规定了标点符号、括号、逻辑联结词、常量符号集、变量符号集、n

元函数符号集、n 元谓词符号集、量词(全称量词 $\forall$ 和存在量词 $\exists$)等,并定义了谓词演算的合法表达式(原子公式、合式公式 wff)和表达式的演算化简方法,以便把一般化的表达式化为标准式(合取的前束范式或析取的前束范式)来讨论。

化简结果的标准式记为 $F \triangleq (Q_1 x_1) \cdots (Q_n x_n) M(x_1, x_2, \cdots, x_n)$,其中 $(Q_1 x_1) \cdots (Q_n x_n)$ 为前束,代表各种量词的约束关系,$M(x_1, x_2, \cdots, x_n)$ 称为母式,是不包含量词符号量化的合式公式范式。

2. 标准式的化简步骤

如果一个合式公式的所有量词均非否定地出现在公式的前部,而且所有的量词的约束范围均是整个公式,则这样的合式公式称为前束范式。任何一个合式公式,都可以等价地转化为一个前束范式。消去前束范式中所有的存在量词后得到的合式公式称为 S 范式,这一过程称作 Skolem 化。S 范式与它的原式不一定等价,但在不可满足性方面两者是等价的。也就是说,如果原式是不可满足的,则其对应的 S 范式也一定是不可满足的,反之亦成立。

利用结合律、分配律等,可以将 S 范式转化为一个合取范式。合取范式是前束范式的一种,其母式具有如下的形式:

$$A_1 \wedge A_2 \wedge A_3 \wedge \cdots \wedge A_n$$

其中 $A_i (i = 1, 2, \cdots, n)$ 是由原子公式或者原子公式的否定组成的析取项,每个析取项又称为子句。一个合取范式可以用如下的子句的集合(子句集)表示:

$$\{A_1, A_2, A_3, \cdots, A_n\}$$

例如 $(\forall x)(\forall y)[(P(x, y) \vee \neg Q(x, y)) \wedge (\neg P(x, y) \vee U(x) \vee V(y)) \wedge (Q(x, y) \vee \neg U(y))]$

就是一个合取范式,其子句集为:

$$\{P(x, y) \vee \neg Q(x, y), \neg P(x, y) \vee U(x) \vee V(y), Q(x, y) \vee \neg U(y)\}$$

任何一个合式公式,都可以通过以下 9 步将其化为子句集(下面举例说明将合式公式转化为子句集的方法)。

[例 5-1]　$(\exists z)(\forall x)(\exists y)\{[(P(x) \vee Q(x)) \rightarrow R(y)] \vee U(z)\}$

1)消蕴涵符

当公式中含有蕴涵符" $\rightarrow$ "时,首先要消去蕴涵符。

利用蕴涵等价式,有

$$(P(x) \vee Q(x)) \rightarrow R(y) \Rightarrow \neg (P(x) \vee Q(x)) \vee R(y)$$

代入式中,有

$$(\exists z)(\forall x)(\exists y)\{[\neg (P(x) \vee Q(x)) \vee R(y)] \vee U(z)\}$$

如果公式中存在多个蕴涵符,则一个一个消去,直到不存在蕴涵符为止。

2)移动否定符

如果公式中的否定符" $\neg$ "不只是作用于原子公式,则要利用德·摩根定律对公式进行变换,使得否定符只作用于原子公式。

利用德·摩根律,有 $\neg\,(P(x)\,\lor\,Q(x))\Rightarrow\neg\,P(x)\,\land\,\neg\,Q(x)$

代入式中,有

$$(\exists z)(\forall x)(\exists y)\{[(\neg\,P(x)\,\land\,\neg\,Q(x))\,\lor\,R(y)]\,\lor\,U(z)\}$$

3) 变量换名

在一个量词的约束范围内,受该量词约束的变量用任何一个未出现的变量名替换,并不改变一个合式公式的真值。因此,不同的量词约束的变量,应使用不同的变量名。如果在公式中出现同一个变量由不同的量词约束的情况,则应将其中一个量词约束的变量换名。本例没有这种情况,故不需要换名。

4) 量词左移

将所有的量词移到公式的左边,但不改变原来各量词的排列顺序,将公式化为前束范式。这也是在第 3)步要进行变量改名的原因。本例已经是前束范式了,所以不需要移动。

5) 消去存在量词(skolem 化)

消去存在量词的方法如下:

设 $(Q_r X_r)1\leqslant r\leqslant n$ 是第一个出现于 $(Q_1 X_1)\cdots(Q_r X_r)\cdots(Q_n X_n)M(X_1\cdots X_r\cdots X_n)$ 中的存在量词,即 $Q_1,\cdots,Q_{r-1}$ 均为全称量词。

(1) 若 $r=1$,则将 $M(X_1,\cdots,X_n)$ 中所有变元 X_1 均以某个常量 C 代之,要求 C 不同于已出现在 $M(X_1,\cdots,X_n)$ 中的任一常量,然后便可消去这个存在量词 $(Q_1 X_1)$。

(2) 若 $1<r\leqslant n$,$(Q_r X_r)$ 的左边有全称量词,则在 $M(X_1,\cdots,X_r,\cdots,X_n)$ 中的 X_r 项前面全称量变元相关的一个函数代替,最后消去这个存在量词,如:

$\forall x\forall y\exists Z(Q(x,y,Z)\,\land\,M(x,y,Z))$,取 $Z=g(x,y)$,则有 $\forall x\forall y(Q(x,y,g(x,y))\,\land\,M(x,y,g(x,y)))$。 这里要求所用的函数不能在原式中重复出现。

(3) 反复使用这个过程便得 Skolem 标准形。如上式中的 $g(x,y)$ 称为 Skolem 函数。

如:设 $G=(\forall x)(\exists y)(\exists Z)(\neg\,P(x,y)\,\land\,(Q(x,Z)\,\lor\,R(x,y,Z))$

则 Skolem 标准函数可用下列方法求出:

① 将 G 化成合取范式:

$$M(x,y,Z)=\neg\,P(x,y)\,\land\,(Q(x,Z)\,\lor\,R(x,y,Z))$$

② 消去存在量词。由于 G 中有量词 $(\forall x)(\exists y)(\exists Z)$,先消 $(\exists y)$。 因 $(\exists y)$ 的左边有 $(\forall x)$,所以在 $M(x,y,z)$ 中的 y 用 $f(x)$ 代入,再消 $(\exists Z)$。 因 $(\exists Z)$ 左有 $(\forall x)$,所以在 $M(x,y,z)$ 中的 Z 用 $g(x)$ 代入,由此则有两个 Skolem 函数,即 $f(x)$ 和 $g(x)$。

③ 原式化为:

$$(\forall x)\neg\,P(x,f(x))\,\land\,(Q(x,g(x))\,\lor\,R(x,f(x),g(x)))$$

对于本例有:

$$(\exists z)(\forall x)(\exists y)\{[(\neg\,P(x)\,\land\,\neg\,Q(x))\,\lor\,R(y)]\,\lor\,U(z)\}$$
$$\Rightarrow(\forall x)\{[(\neg\,P(x)\,\land\,\neg\,Q(x))\,\lor\,R(f(x))]\,\lor\,U(a)\}$$

对于存在量词"$\exists z$",由于其前面没有全称量词,所以受该存在量词约束的变量 z 用一个常量 a 代替。对于存在量词"$\exists y$",由于其前面有全称量词"$\forall x$",所以受该存在量词约

束的变量 y 用一个 Skolem 函数 f 代替。f 的变量是 x，因为约束 x 的全称量词在约束 y 的存在量词的前面。

6）化为合取范式

利用结合律、分配律等，可以把 S 范式的母式转化为合取范式。

对于本例有：

$$(\forall x)\{[(\neg P(x) \wedge \neg Q(x)) \vee R(f(x))] \vee U(a)\}$$
$$\Rightarrow (\forall x)\{[(\neg P(x) \vee R(f(x))) \wedge (\neg Q(x) \vee R(f(x)))] \vee U(a)\}$$
$$\Rightarrow (\forall x)\{[\neg P(x) \vee R(f(x)) \vee U(a)] \wedge [\neg Q(x) \vee R(f(x)) \vee U(a)]\}$$

7）隐去全称量词

经过前面的变换以后，所有的变量都受全称量词约束。所以可以将全称量词隐去，默认所有的变量都是受全称量词约束的。

对于本例有：

$$[\neg P(x) \vee R(f(x)) \vee U(a)] \wedge [\neg Q(x) \vee R(f(x)) \vee U(a)]$$

8）表示为子句集

在隐去全称量词以后，用"，"号代替公式中的"$\wedge$"，并用"{"和"}"括起来，就得到了原合适公式的子句集。

对于本例，得到的子句集如下：

$$\{\neg P(x) \vee R(f(x)) \vee U(a), \neg Q(x) \vee R(f(x)) \vee U(a)\}$$

该子句集含有 $\neg P(x) \vee R(f(x)) \vee U(a)$ 和 $\neg Q(x) \vee R(f(x)) \vee U(a)$ 两个子句。

9）变量换名

对子句集中的变量再次进行换名替换，使得不同的子句中的变量使用不同的名字。最简单的方法是加下标。对本例有：

$$\{\neg P(x_1) \vee R(f(x_1)) \vee U(a), \neg Q(x_2) \vee R(f(x_2)) \vee U(a)\}$$

注意：不同子句中的变量，即便是同名的，也可以代表不同的变量。

将一个合式公式化为子句集是后面将要介绍的归结法的基础。这部分内容可参考离散数学、数理逻辑等方面的书籍。

2.5.4 推理规则

一个推理规则实际上是一个从其他谓词演算命题产生新的谓词演算命题的机械化方法。关于推理规则，有如下定义：

定义 1：满足、模型、有效、不一致

对于一个谓词演算表达式 S 和一个解释 I：

如果 S 在解释 I 下为 T，则 S 称为得到了满足；

如果对于 $I(x)$ 的所有变元指派，I 均能使 S 满足，则称 I 为 S 的一个模型；

S 可满足当且仅当存在一个解释和一个变元指派使 S 满足，否则称 S 是不可满足的；

一个表达式集是可满足的，当且仅当存在一个解释和变元指派，使它的每个元素都

满足；

如果   组表达式是不可满足的，则称它们是不一致的；

如果 S 对于所有的解释，其真值都为 T，则称 S 是有效的。

[例1]　S：$\forall X(\text{human}(X) \to \text{Mortal}(X))$

　　　　I：human（socrates）

　　　　X：mortal（socrates）

S 是可满足的，也是有效的，I 为 S 的一个模型。

[例2]　$\exists X(P(X) \land \neg P(X))$ 是不一致的。

　　　　$\forall X(P(X) \lor \neg P(X))$ 是有效的。

注：真值表可以用于验证不包含变元的任何表达式的有效性，对有变元的表达式必须要用证明过程。

定义2：证明过程

一个证明过程是一个推理规则和用于产生一组逻辑表达式的新命题的算法的结合。

定义3：逻辑结果、合理性和完备性

如果所有使谓词演算表达集 S 满足的解释与变元指派也使谓词演算表达式 X 得到满足，则称 X 是 S 的逻辑结果。

如果用一个推理规则从谓词演算表达式集合 S 产生的每个谓词演算表达式是 S 的逻辑结果，则称这个推理规则是合理的。

如果同一个推理规则可以产生给定的谓词演算表达式集合 S 的所有逻辑结果，则称该推理规则是完备的。

如图 2-40 所示的假言推理是一个合理的推理规则。

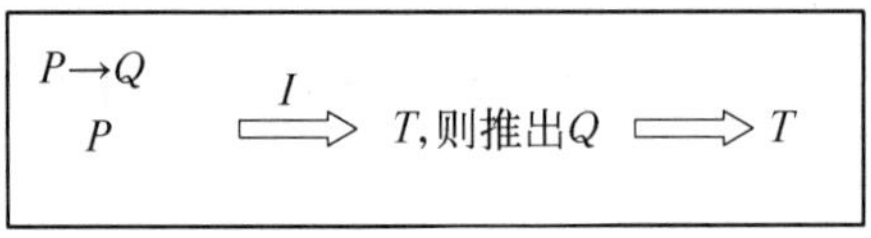

$$\begin{array}{l} P \to Q \\ P \end{array} \xRightarrow{\ \ I\ \ } T, \text{则推出} Q \Longrightarrow T$$

图 2-40　假言推理

定义4：假言推理，取拒式，消除规则，引入规则，全称代入规则

如果 P，$P \to Q$ 为真，它用假言推理得出 Q 为真。

如果 $P \to Q$ 为真，且 Q 为假，则用取拒式得出 $\neg P$ 为真。

应用消除规则，我们可以从一个为真的合取式推出其中的合取项为真。例如：$P \land Q$ 为真，则 P 和 Q 都为真。

应用引入规则，可以从合取项都为真推出合取式为真。例如：如果 P，Q 为真，则 $P \land Q$ 也为真。

应用全称代入，当命题中的全称性变元由其变域中的项代入后命题仍为真，$\forall X P(X)$，我们在 X 的值域内能够得出 $P(a)$。

[例3]　假言推理实例

｛"如果天在下雨，则地将会湿"以及"天正在下雨"｝

｛　　　　　$P \to Q$　，　　　　P　　　｝

若地的确是湿的，则真值表为｛$P \to Q$，P，Q｝

1. 置换

定义：置换是形如 $\{t_1/a_1, t_2/a_2, \cdots, t_n/a_n\}$ 的有限集合，其中 $t_1, t_2, \cdots, t_n$ 与 $a_1, a_2, \cdots, a_n$ 是互不相同的项（项可以是变量符号，常数符号，或函数表达式）

注：t_1/a_1 表示用 t_1 代替 a_1

[**例**]　$C_1 = P(y) \vee Q(x)$　　　　　　$C_2 = \neg P(f(y)) \vee R(x)$

有置换：$S_1 = \{f(a)/y, a/x\}$

则有：$C_1' = C_1 S_1 = P(f(a)) \vee Q(a)$

$C_2' = C_2 S_1 = \neg P(f(f(a))) \vee R(a)$

注：置换交换律不成立。常元可代换变元，常元不能换常元。两个不同常元不能代入同一变元中，一个变元不能与包含该变元的项代换。

2. 合一

1）相关定义

定义1：设有一组公式 $F = \{F_1, F_2, \cdots, F_n\}$，若有一个置换 Q，使得 $F_1 Q = F_2 Q = \cdots = F_n Q$，则称 Q 为 F 的一个合一。

[**例**]　$F = \{P[X, f(y), y], P[X, f(B), B]\}$，可使 $Q = \{A/X, B/Y\}$

有：$P[X, f(y), y]Q = P[A, f(B), B]$　　　$P[X, f(B), B]Q = P[A, f(B), B]$

注：置换和合一是不唯一的。

定义2：设 g 是公式集 F 的一个合一，如果对 F 的任意一个合一 S 都存在一个置换 λ，使得 $S = g \cdot \lambda$，则称 g 是一个最一般合一（Most General Unifier，简记为 mgu）。

对一组表达式来说，最一般合一式是唯一的，除了字母的不同，即一个变元名到底是 X 还是 Y，这对于合一的一般性是无所谓的。

[**例**]　求 $W_1 = P(a, x, f(g(y)))$ 和 $W_2 = P(z, f(a), f(u))$ 的置换因子（mgu）

解：由 $W_1 = P(a, x, f(g(y)))$ 和 $W_2 = P(z, f(a), f(u))$

知：$E = \{a/z, x/f(a), g(y)/u\}$

定义3：设有一非空有限公式集 $F = \{F_1, F_2, \cdots, F_n\}$，从 F 中各公式的第一个符号同时向右比较，直到发现第一个彼此不尽相同的符号止，从 F 的各个公式中取出那些以第一个不一致符号开始的最大的子表达式为元素，组成一个集合 D，称为 F 的分歧集（Disagreement set）。

2）合一算法

设 F 为非空有限表达式集合，则可按下列步骤求其 mgu：

（1）置 $k = 0$，$F_k = F$，$\sigma_k = \varepsilon$（空置换，即不含元素的置换）。

（2）若 F_k 只含有一个表达式，则算法停止，σ_k 就是所要求的 mgu。

（3）找出 F_k 的分歧集 D_k。

（4）若 D_k 中存在元素 a_k 和 t_k，其中 a_k 是变元，t_k 是项，且 a_k 不在 t_k 中出现，则置：

$\sigma_{k+1} = \sigma_k^o \{t_k/a_k\}$，$F_{k+1} = F_k^o \{t_k/a_k\}$，$k = k + 1$，然后转向（2）。

（5）算法停止，F 的 mgu 不存在。

2.5.5 归结原理

归结原理由 J. A. Robinson 于 1965 年提出,又称为消解原理。该原理是 Robinson 在 Herbrand 理论基础上提出的一种基于逻辑的、采用反证法的推理方法。由于其理论上的完备性,归结原理成为机器定理证明的主要方法。

定理证明的实质就是要对给出的(已知的)前提和结论,证明此前提推导出该结论这一事实是永恒的真理。这是非常困难的,几乎是不可实现的。

要证明在一个论域上一个事件是永真的,就要证明在该域中的每一个点上该事实都成立。很显然,论域不可数时,该问题不可能解决。即使可数,如果该轮域是无限的,问题也无法简单地解决。

Herbrand 采用了反证法的思想,将永真性的证明问题转化为不可满足性的证明问题。Herbrand 理论为自动定理证明奠定了理论基础,而 Robinson 的归结原理使自动定理证明得以实现。因此,归结推理方法在人工智能推理方法中有着很重要的历史地位。

1)归结法的特点

归结法是与演绎法完全不同的新的逻辑演算算法。它是一阶逻辑中至今为止的最有效的半可判定的算法,也是最适合用计算机进行推理的逻辑演算方法。

半可判定即对一阶逻辑中任意恒真公式,使用归结原理,总可以在有限步内给以判定(证明其为永真式)。

2)归结法基本原理

归结法的基本原理是采用反证法(或者称为反演推理方法),将待证明的表达式(定理)转换成逻辑公式(谓词公式),然后进行归结,若归结能够顺利完成,则证明原公式(定理)是正确的。

逻辑可分为经典逻辑和非经典逻辑,其中经典逻辑包括命题逻辑和谓词逻辑。归结原理是一种主要基于谓词(逻辑)知识表示的推理方法,而命题逻辑是谓词逻辑的基础。因此,在讨论谓词逻辑之前,先讨论命题逻辑的归结,便于内容上的理解。

1. 命题逻辑的归结法

设有由命题逻辑描述的命题 A_1,A_2,A_3 和 B,要求证明 $A_1 \wedge A_2 \wedge A_3 \rightarrow B$ 定理(重言式)。

很显然,$A_1 \wedge A_2 \wedge A_3 \rightarrow B$ 是重言式等价于 $A_1 \wedge A_2 \wedge A_3 \wedge \neg B$ 是矛盾(永假)式。归结推理方法就是从 $A_1 \wedge A_2 \wedge A_3 \wedge \neg B$ 出发,使用归结推理来寻找矛盾,最后证明定理 $A_1 \wedge A_2 \wedge A_3 \rightarrow B$ 的成立。这种方法可称作反演推理方法。

1)归结式的定义

设 C_1 和 C_2 是子句集中的任意两个子句,如果 C_1 中的文字 L_1 与 C_2 中的文字 L_2 互补,那么可从 C_1 和 C_2 中分别消去 L_1 和 L_2,并将 C_1 和 C_2 中余下的部分按析取关系构成一个新子句 C_{12},这一个过程称为归结,C_{12} 称为 C_1 和 C_2 的归结式,C_1 和 C_2 称为 C_{12} 的亲本子句。

例如:有子句:$C_1 = P \vee C_1'$,$C_2 = \neg P \vee C_2'$ 存在互补对 P 和 $\neg P$,

则可得归结式:$C_{12} = C_1' \vee C_2'$

下面证明归结式是原两子句的逻辑结果,或者说任一使 C_1、C_2 为真的解释 I 下必有归

结式 C_{12} 也为真。

证明：

设 I 是使 C_1，C_2 为真的任一解释，若 I 下的 P 为真，从而 $\neg P$ 为假，必有 I 下 C_2' 为真，故 C_{12} 为真。若不然，在 I 下 P 为假，从而 I 下 C_1' 为真，故 I 下 C_{12} 为真。于是 $C_1 \wedge C_2$ 为真时，$C_1 \wedge C_2 \rightarrow R(C_1, C_2)$ 成立。

注意：$C_1 \wedge C_2 \rightarrow C_{12}$，反之不一定成立。因为存在一个使 $C_1' \vee C_2'$ 为真的解释 I，不妨设 C_1' 为真，C_2' 为假，若 P 为真，则 $\neg P \vee C_2'$ 就为假了。

2）命题逻辑的归结法证明过程

命题逻辑的归结过程也就是推理过程。推理是根据一定的准则由称为前提条件的一些判断导出称为结论的另一些判断的思维过程。

命题逻辑归结方法的推理过程核心：把一阶命题逻辑公式：$A_1 \wedge A_2 \wedge A_3 \rightarrow B$，转化成：$A_1 \wedge A_2 \wedge A_3 \wedge \neg B$ 的形式。

步骤：

（1）先把问题写成：$A_1 \wedge A_2 \wedge A_3 \rightarrow B$ 的形式，如图2-41所示。

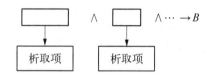

图 2-41　问题转化

（2）将合取范式写成集合表示形式，即子句集 S。

$$S = \{子句1，子句2，\cdots\}$$

其中子句是析取项，即 $A \vee B$，$C \vee D$ 等形式。

例：$P \wedge (Q \vee R) \wedge (\neg P \vee \neg Q) \wedge (P \vee \neg Q \vee R)$

$S = \{P，Q \vee R，\neg P \vee \neg Q　P \vee \neg Q \vee R\}$

（3）归结式。设有两个子句 $C_1 = P \vee C_1'$，$C_2 = \neg P \vee C_2'$，从中消去互补对得到新子句

$$R(C_1, C_2) = C_1' \vee C_2'$$

称为 C_1 和 C_2 的归结式。

注意：没有互补对的两个子句没有归结式（形如 $\neg P$ 和 P 称互补对，即 $\neg P \vee P = I$）。

（4）归结推理。对子句集 S 中的子句使用归结法进行归结，如果归结为空子句则证明成功，否则为失败。

［**例**］　证明 $((P \rightarrow Q) \wedge \neg Q) \rightarrow \neg P$

证明：

（1）将命题化成合取范式：

$$(P \rightarrow Q) \wedge \neg Q \wedge \neg(\neg P) = (\neg P \vee Q) \wedge \neg Q \wedge P$$

（2）建立子句集：$S = \{\neg P \vee Q，\neg Q，P\}$

（3）对 S 进行归结：

① ¬ P ∨ Q

② ¬ Q

③ P

④ ¬ P ①×② 归结

⑤ □   ③×④ 归结

归结过程如图 2 - 42 所示。

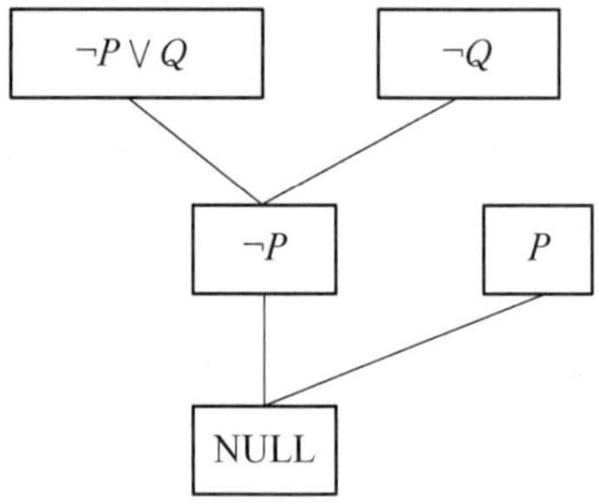

命题逻辑的归结方法小结：

（1）建立待归结命题公式。首先根据反证法将所求证的问题转化成命题公式，求证其是矛盾式（永假式）。

图 2 - 42 归结过程

（2）求取合取范式。

（3）建立子句集。

（4）归结。归结法是在子句集 S 的基础上通过归结推理规则得到的，归结过程的最基本单元是得到归结式的过程。从子句集 S 出发，对 S 的子句间使用归结推理规则，并将所得归结式仍放入到 S 中（注意：此过程使得子句集不断扩大，是造成计算爆炸的根本原因），进而再对新子句集使用归结推理规则。重复使用这些规则直到得到空子句。这便说明 S 是不可满足的，从而与 S 所对应的定理是成立的。归结步骤：

① 对子句集中的子句使用归结规则。

② 归结式作为新子句加入子句集参加归结。

③ 归结式为空子句 NULL 为止。

得到空子句 NULL，表示 S 是不可满足的（矛盾），故原命题成立。

2. 谓词逻辑归结方法

由于谓词逻辑与命题逻辑不同，有量词、变量和函数，所以在生成子句集之前要对逻辑公式作处理。具体地说，就是将其转化为 Skolem 标准形，然后在子句集的基础上进行归结。虽然归结的基本方法都相同，但是其过程较命题公式的归结过程复杂得多。

以前面的谓词演算和命题归结为基础，给出谓词逻辑的归结方法。

（1）问题化成谓词逻辑公式。即根据反证法将所求证的问题转化成为谓词公式，求证其是矛盾式（永假式）。

（2）谓词逻辑公式化成前束范式。

（3）前束范式化成合取范式。

（4）消存在量词和"→"。

（5）写出子句集。

（6）用归结方法进行归结，在此步中用置换因子进行合一归结。

[例1] 死狗问题。

命题：fido is a dog, all dogs are animals, all animals will die.

证明：fido will die.

证明：

（1）先将问题化成谓词演算公式：

① All dogs are animals：∀ (x) $(\text{dog}(x) \rightarrow \text{animal}(x))$

② Fido is a dog：dog(fido)

③ {fido/x} →animal(fido)

④ all animals will die：$\forall (y)(animal(y) →die(y))$

⑤ {fido/y} →die(fido)

（2）把谓词演算公式化成子句集：

① ¬ dog(x) ∨ animal(x)

② dog(fido)

③ ¬ animal(y) ∨ die(y)

④ ¬ die(fido)　（目标取反）

（3）用归结原理证明(见图 2-43)。

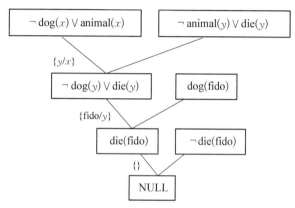

图 2-43　"死狗问题"的归结证明过程

[例 2]　"幸运学生"的故事。

任何通过了考试并中了彩票的人是快乐的。任何肯学习或幸运的人可以通过所有考试,John 不学习但很幸运,任何人只要是幸运的就可以中彩。John 快乐吗?

证明:

（1）把这些句子变成谓词形式:

任何通过考试并中了彩票的人是快乐的:

$\forall x(pass(x, history) \land Win(x, lottery) →happy(x))$

任何肯学习的人或幸运的人可以通过考试:

$\forall x \forall y(Study(x) \lor lucky(x) →pass(x, y))$

John 不学习但幸运:

¬ study(John) $\land$ Lucky(John)

幸运的人中彩票:

$\forall x(Lucky(x) →Win(x, lottery))$

（2）将上述命题公式转化成子句形式:

① ¬ pass(x, history) ∨ ¬ win(x, lottery) ∨ happy(x)

② ¬ study(x) ∨ pass(x, y)

③ ¬ lucky(x) ∨ Pass(x, y)

④ ¬ study(John)

⑤ Lucky(John)

⑥ ¬ lucky(x) ∨ win(x, lottery)

⑦ ¬ happy(John)（目标的否定）

（3）用归结原理进行证明（见图2-44）。

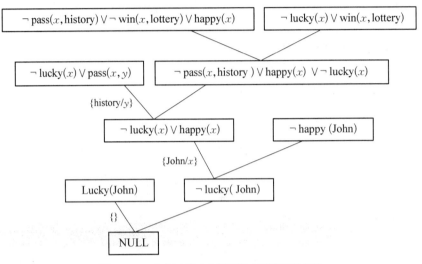

图2-44 "幸运学生"问题的归结证明过程

由上面的证明过程可知,John 是快乐的。

[**例3**] 激动人心的故事问题。

假设所有不贫穷,并且聪明的人是快乐的。那些看书的人是聪明的。John 能看书并且不贫穷,快乐的人过着激动人心的生活。你能发现谁过着激动人心的生活吗?

证明：

（1）把上述故事翻译成谓词演算表达式：

$\forall x(\neg Poor(x) \wedge smart(x) \rightarrow happy(x))$

$\forall y(read(y) \rightarrow Smart(y))$

read(John) $\wedge \neg$ Poor(John)

$\forall z(happy(z) \rightarrow exciting(z))$

否定目标是：

$\neg \exists w(exciting(w))$

（2）写出子句集形式：

{Poor(x) ∨ ¬ smart(x) ∨ happy(x), ¬ read(y) ∨ smart(y), read(John) ∧ ¬ poor(John), ¬ happy(z) ∨ exciting(z), ¬ exciting(w)}

（3）用归结原理进行归结证明（见图2-45）。

由此可知,John 过着激动人心的生活。

3. 归结策略和简化技术

从上面的几个例子中可以发现,在子句集 $S = \{a_1, \cdots, a_n\}$ 的子句中,并没有规定 $a_1, \cdots, a_n$ 之间的顺序,在那里是随机地用两个子句 a_i, a_j 来进行归结,由此可以看出,在选

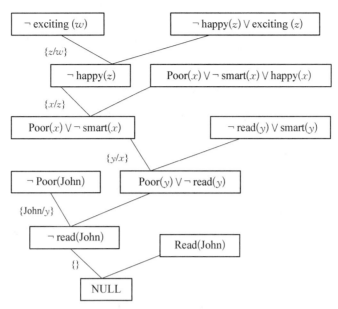

图 2-45 "激动人心的故事"问题的归结证明过程

择 a_i 与 a_j 时就有 $n(n-1)$ 种组合方法,依此类推,在选择另一个子句时则有 $n-2$ 种组合方法,当把该式归结完时则所选子句的方法有:$n(n-1)(n-2)\cdots(n-m)$ 种,用了 m 步归结完,则有 $O(nm)$,$n \geqslant 2$,$m \geqslant 2$。这样则出现了组合爆炸情况,为避免这种现象出现,必须研究归结策略,找出一种尽量不产生组合爆炸的归结方法。

原则:在 $S = \{a_1, a_2, \cdots, a_n, \neg m\}$ 中,主要研究 $S_1 = \{a_1, a_2, \cdots, a_n\}$ 和 $S_2 = \{\neg m\}$,看怎样组合更有优势,即 $S = S_1 \cup S_2$。

在描述这些策略之前,先作一些说明:

(1) 一个子句集如果不存在一个解释可以确定该子句集为可满足的,则称之为不可满足的,即

若 $S = \{a_1, \cdots, a_n, \neg m\} \rightarrow$ 可满足,则 $S' = \{a_1, \cdots, a_n, m\} \rightarrow$ 不可满足。

也就是若 $(a_1 \wedge \cdots \wedge a_n \wedge \neg m)$ 为可满足的,则 $(a_1 \wedge \cdots \wedge a_n \wedge m)$ 为不可满足的。

(2) 如果给定一个不可满足的子句集合,通过单纯使用某个推理规则可以确定其不可满足性,则称该推理规则是否证完备的。

(3) 一个策略是完备的,如果只要一个子句集合是不可满足的,则用该策略加上否证完备推理规则,可以保证发现一个否证。

分析我们原来使用的归结证明:

目的证明公式:$A \rightarrow B \Leftrightarrow \neg A \vee B$

归结证明思想,如图 2-46 所示。

下面介绍几种归结策略。

1) 广度优先策略

原理:子句集 $S = \{a_1, \cdots, a_n, \neg m\}$ 中的任何子句 a_i 在第一轮都要和其他子句进行归结,此时可得子句 $S_1 = \{a_1', \cdots, a_m'\}$;在第二轮归结时,将第一轮产生的新子句 S_1,加入原子

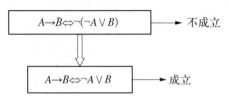

图2-46 归结证明的基本思想

句集进行归结;在第 n 轮归结时,将先前所有产生的子句加到原始子句进行归结 S'_n,即,$S' = \{S_1, S_2, \cdots, S_n\}$。

优点:

(1)该策略能保证找到最短归结路径。

(2)该策略是一种完备的策略(见图2-47)。

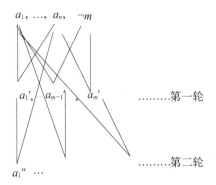

图2-47 广度优先归结策略

2)支持集策略

原理:对于一组输入子句集 S,可以指定 S 的一个子集 T,称 T 为支持集,这个策略要求每次归结结果要在支持集中有一个祖先,也就是说,支持集使得归结作用的两个子句中至少一个或是否定目标式,或是一个在目标式上产生的归结结果子句。

即:如果 S 是不满足的,并且 $S-T$ 是满足的,那么 T 是不可满足的,并且 $(S-T) \wedge T$ 也是不可满足的。

3)单位优先策略

原理:用一个只有一个子句的项进行归结,如图2-48所示。

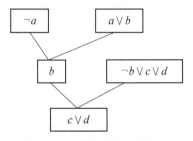

图2-48 单位优先归结策略

4）线性输入形式策略

原理：直接用否定目标和原始公理,对否定目标和一个公理进行归结得到一个新子句,这个结果子句再和一个公理归结得到另一个新子句,该新子句又和公理归结,这个过程一直持续到空子句出现。

5）从归结否证中提取答案

方法：

① 保留目标的原始结论。

② 归结原式中的合一因子。

③ 用归结式中的合一因子替代原目标式中的变元,直到归结完,最后便得其答案。

问题：计算机在归结证明时要用额外的指针

[**例**] Fido 问题

狗 Fido 无论主人 John 走到哪里都跟到哪里。John 在图书馆,Fido 在哪里?

解：

（1）将原式翻译成谓词：

$at(John, x) \rightarrow at(Fido, x)$

$at(John, Library)$

$at(Fido, z)$（目标）

（2）子句：

① $\neg at(John, x) \lor at(Fido, x)$

② $at(John, Library)$

③ $\neg at(Fido, z)$（目标否定）

回答是：Fido 在图书馆。求解过程如图 2-49 所示。

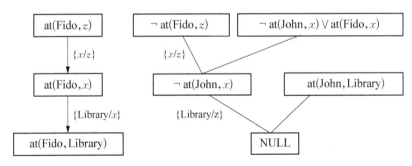

图 2-49 Fido 问题的求解

4. 规则演绎系统

在人工智能系统中,谓词逻辑公式常可用来表示各种知识。通常很多应用知识是用蕴涵形式直接表达的,因此都带有超逻辑的或启发式的控制信息。而子句形表示只给出了谓词间的逻辑关系。在归结反演证明系统中,要把这些表达式化成子句表示,这就可能丢失包含在蕴涵形中有用的控制信息。因此,有时候会希望系统能按近于原始给定的描述形式来使用这些公式,不把它们都化成子句集,这就是基于规则演绎系统的基本思想。

　　一般情况下,表述有关问题的知识分两类:规则和事实。规则公式由蕴含形给出的若干语句组成(形如 $A_1 \wedge A_2 \wedge \cdots \wedge A_n \to B$ 或 if $A_1 \wedge A_2 \wedge \cdots \wedge A_n$ then B),表示某一特定领域中的一般知识,并可以当作产生式规则来使用。事实公式则是不含蕴含符号的谓词公式,表示该问题领域的专门知识。本节讨论的演绎系统就是根据这些事实和规则来证明一个目标公式,这种定理证明系统是直接法的证明系统而不是反演系统。一个直接系统不一定比反演系统更有效,但其演绎过程容易为人们所理解。这类系统主要强调使用规则进行演绎,故称为基于规则的演绎系统。

　　1)规则正向演绎系统

　　(1)事实表达式的与或形变换。在基于规则的正向演绎(Forward chaining)系统中,把事实表示为非蕴含形式的与或形作为系统的总数据库。注意这些事实不要化为子句型,只要是谓词公式即可。

　　把一个公式化成与或形的步骤如下:

　　① 利用 $W_1 \to W_2$ 和 $(\neg W_1 \vee W_2)$ 的等价关系,消去"→"。

　　② 利用德·摩根律把否定符号移进括号内,直到每个否定符号的辖域最多只含有一个谓词为止。

　　③ 对所得的表达式进行 Skolem 化和前束化。

　　④ 对全称量词辖域内的变量进行改名和变量标准化,而存在量词的约束变量用 Skolem 函数代替。

　　⑤ 删去全称量词。

　　例如:事实表达式

$$((\exists u)(\forall V)\{Q(V, u) \wedge \neg [(R(V) \vee P(V)) \wedge S(u, V)]$$

　　把它化为 $Q(V, A) \wedge \{[\neg R(V) \wedge \neg P(V) \vee \neg S(A, V)]\}$

　　对变量更名标准化,使得同一变量不出现在事实表达式的不同合取式中,更名后得到表达式 $Q(W, A) \wedge \{[\neg R(V) \wedge \neg P(V)] \vee \neg S(A, V)\}$

　　注意:$Q(V, A)$ 中的变量 V 可用新变量 W 代替,而合取式 $[\neg R(V) \wedge \neg P(V)]$ 中的变量 V 却不可更名,因为它在后面也出现在析取式 $\neg S(A, V)$ 中。

　　(2)事实表达式的与/或图表示。

　　① 事实表达式 $(E_1 \vee \cdots \vee E_k)$ 的析取关系子表达式 $E_1, \cdots, E_k$ 是用后继节点表示的,并由一个 k 线连接符把它们连接到父辈节点上,如图 2-50 所示。

　　② 某个事实表达式 $(E_1 \wedge \cdots \wedge E_k)$ 的每个合取子表达式 $E_1, E_2, \cdots, E_k$ 是由单一的后继节点表示的,并由一个单线连接符接到父辈节点,如图 2-51 所示。

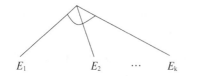
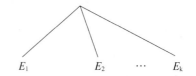

图 2-50　正向演绎系统的析取关系与/或图　　**图 2-51　正向演绎系统的合取关系与/或图**

　　上例也可用图 2-52 表示。

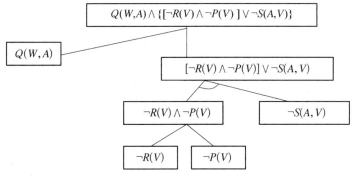

图 2－52　一个事实表达式的与或树表示

由此得到的子句为

$$Q(W, A)$$
$$\neg S(A, V) \vee \neg R(V)$$
$$\neg S(A, V) \vee \neg P(V)$$

（3）与/或图的 F 规则变换。规则的标准形是 $L \rightarrow W$。其中 L 是单文字（单项），W 为与或形的唯一公式。变换规则是：先把这些变量的量词局部地调换到前项，再把全部存在量词 Skolem 化。下面举例说明：

[**例**]　规则 $(\forall x)\{[(\exists y)(\forall Z)P(x, y, Z)] \rightarrow (\forall u)Q(x, u)\}$ 可以通过下列步骤加以变换。

① 暂时消去蕴含符号：

$$(\forall x)\{\neg [(\exists y)(\forall z)P(x, y, Z)] \vee (\forall u)Q(x, u)\}$$

② 把否定符号移进第一个析取式中，调整变量的量词；

$$(\forall x)\{(\forall y)(\exists z)[\neg P(x, y, z)] \vee (\forall u)Q(x, u)\}$$

③ 进行 Skolem 化；

$$(\forall x)\{(\forall y)[\neg P(x, y, f(x, y))] \vee (\forall u)Q(x, u)\}$$

④ 把所有全称量词移到前面然后消去；

$$\neg P(x, y, f(x, y)) \vee Q(x, u)$$

⑤ 恢复蕴含式。

$$P(x, y, f(x, y)) \rightarrow Q(x, u)$$

[**例**]　如图 2－53 所示，若用规则 $S \rightarrow (X \wedge Y) \vee z$ 进行匹配（黑色粗箭头表示匹配弧），则得图 2－54。

由图 2－53 可见：$[(P \vee Q) \wedge R] \vee [S \wedge (T \vee V)]$ 的子句集为

$$P \vee Q \vee S, \qquad P \vee Q \vee T \vee V,$$
$$R \vee S, \qquad R \vee T \vee V$$

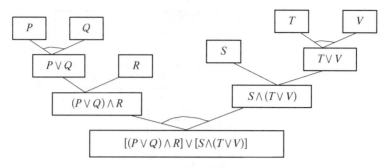

图 2-53　不含变量的与/或图

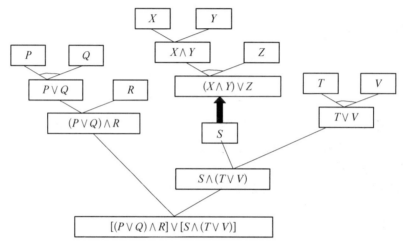

图 2-54　应用一条 $L \rightarrow W$ 规则得到的与/或图

由图 2-54 可知，$S \rightarrow [(X \wedge Y) \vee Z]$ 的子句形为

$$\neg S \vee X \vee Z \qquad \neg S \vee Y \vee Z$$

应用两个规则子句中任一个对上述子句形中的 S 进行消解(见图 2-55)。

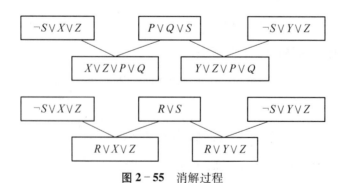

图 2-55　消解过程

于是得到四个子句对 S 进行消解式的完备集为

$$X \vee Z \vee P \vee Q \qquad\qquad Y \vee Z \vee P \vee Q$$
$$R \vee X \vee Z \qquad\qquad R \vee Y \vee Z$$

这些消解式全部包含在图 2 - 54 中。

（4）作为终止条件的目标公式。一个基于规则的正向演绎系统，其演绎过程就是不断地调用匹配上的规则对与/或图进行变换，直到生成的与/或图含有目标表达式为止，也就是要用目标公式作为系统的结束条件。正向系统的目标表达式要限制为文字析取形（子句形）的一类公式。当目标公式中有一个文字同与/或图中某一个端节点所标记的文字匹配上时，和规则匹配时的做法一样，通过匹配弧把目标文字添加到图上。这个匹配弧的后裔节点称为目标节点。这样，当产生式系统演绎得到的与/或图包含目标节点的解图时，系统结束演绎，这时便推出了一个与目标有关的子句。

下面举例说明系统的推理过程。

[例 1]

事实：$A \vee B$

规则：$A \rightarrow (C \wedge D)$，$B \rightarrow (E \wedge G)$

目标：$C \vee G$

在该例中，经过两次规则变换后，得到如图 2 - 56 所示的与/或图。其中一个解图的叶节点是 C 和 G，分别与目标表达式 $C \vee G$ 中的文字 C 和 G 匹配，说明目标 $C \vee G$ 是该问题的逻辑推论，从而证明目标公式成立。

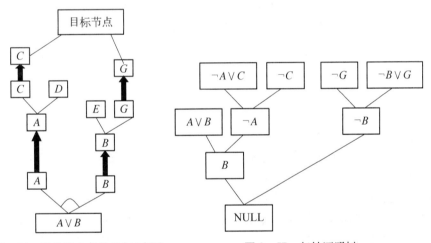

图 2 - 56　满足终止条件的与/或图　　图 2 - 57　归结证明树

值得注意的是，只要求解图的叶节点全部与目标公式中的文字匹配上，并不要求目标公式中的每一个文字都必须与解图中的一个叶节点匹配。在该例中，即便是目标公式变为 $C \vee G \vee P \vee Q$，同样也可以推出目标公式成立，因为已经逻辑推导出 $C \vee G$ 成立。$C \vee G \vee P \vee Q$ 只是在 $C \vee G$ 上又"或"上了两个命题，如果 $C \vee G$ 成立，$C \vee G \vee P \vee Q$ 当然也成立，归结证明树如图 2 - 57 所示。

[例 2]

事实与或形表示 $P(x, y) \vee (Q(x, A) \wedge R(B, y))$

规则蕴涵式 $P(A, B) \rightarrow (S(A) \vee X(B))$

图 2 - 58 是这个例子应用规则变换后得到的与/或图，它有两个解图，对应的两个子

句是

$$S(A) \ \bigvee \ X(B) \ \bigvee \ Q(A, A)$$
$$S(A) \ \bigvee \ X(B) \ \bigvee \ R(B, B)$$

它们正是事实和规则公式组成的子句集对文字 P 进行归结时得到的归结式。

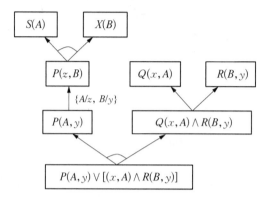

图 2-58 应用一条含有变量的规则后得到的与/或图

一个解图是否是一致的,需要看该解图所涉及的若干个置换组成的置换集是否存在矛盾。当置换集没有矛盾存在时,称该置换集是一致的,否则就是不一致的。只有当解图所涉及的置换集是一致时,解图才是一致的。置换集一致的充分必要条件是该置换集存在合一复合。置换集的合一复合也是一个置换,表示的是置换集中所有置换"综合"以后的结果。

求一个置换集的合一复合,首先构造 U_1、U_2 两个表达式,其中 U_1 由置换集中的所有被置换的变量组成,U_2 由与 U_1 中的变量所对应的置换项组成。当 U_1、U_2 可以合一时,则所对应的置换集是一致的(一致置换),它们的 mgu 就是该置换集的合一复合。

合一复合是可结合、可交换的。这是一个很好的性质,说明在用基于规则的正向演绎方法求解问题时,与使用规则的次序无关。

当一个与/或图应用了好几条规则之后,推出的与/或图将含有多个匹配弧,这时任一解图可能有多于一个的匹配弧(对应的置换是 u_1, u_2, $\cdots$),因此在列写解图的子句集时,只考虑具有一致的匹配弧置换的那些解图(一致解图)。一个一致解图表示的子句是对得到的文字析取式应用一个合一复合的置换之后所得到的。

置换的一致集和置换的合一复合这两个概念定义如下:设有一个置换集 $\{u_1, u_2, \cdots, u_n\}$,其中 $u_i = \{t_{i1}/v_{i1}, \cdots, t_{iml\,i}/v_{iml\,i}\}$ 是置换对集合,t 是项,v 是变量。

根据这个置换集,再定义两个表达式:

$$U_1 = (v_{11}, \cdots, v_{1m(1)}, \cdots, v_{n1}, \cdots, v_{nm(n)}) \ 由 u_i 的变量 v_i 构成$$

$$U_2 = (t_{11}, \cdots, t_{1m(1)}, \cdots, t_{n1}, \cdots, t_{nm(n)}) \ 由 u_i 的项 t_i 构成$$

置换 $(u_1, \cdots, u_n)$ 称为一致的,当且仅当 U_1 和 U_2 是可合一的。$(u_1, \cdots, u_n)$ 的合一复合(unifying composition)u 是 U_1 和 U_2 的最一般的合一者。表 2-1 给出几个合一复合结果的实例。

表 2-1　合一复合结果实例

u_1	u_2	U_1 和 U_2	u
$\{A/x\}$	$\{B/x\}$	$U_1 = (x, x)$ $U_2 = (A, B)$	不一致
$\{x/y\}$	$\{y/z\}$	$U_1 = (y, z)$ $U_2 = (x, y)$	$\{x/y, x/z\}$
$\{f(z)/x\}$	$\{f(A)/x\}$	$U_1 = (x, x)$ $U_2 = (f(z), f(A))$	$\{f(A)/x, A/z\}$
$\{x/y, x/z\}$	$\{A/z\}$	$U_1 = (y, z, z)$ $U_2 = (x, x, A)$	$\{A/x, A/y, A/y\}$

可以证明,对一个置换集求合一复合的运算是可结合和可交换的(求置换的合成是不可交换的)。因此,一个解图对应的合一复合不依赖于构造这个解图时所产生的匹配弧的次序。再强调一下,我们要求一个解图具有一个一致匹配弧的置换集,这样,该解图所对应的子句才是从初始事实表达式和规则公式集推出的子句。

有时演绎过程会多次调用同一条规则,这时要注意每次应用都要使用改名的变量,以免匹配过程产生一些不必要的约束。此外,也可多次使用同一目标文字来建立多个目标节点,这也要采用改名的变量。

2）规则逆向演绎系统

基于规则的逆向演绎(Backward chaining)系统,其操作过程与正向演绎系统相反,是从目标到事实的操作过程,从 then 到 if 的推理过程。

(1)目标表达式的与或形式。

① 采用与变换事实表达式同样的过程,把目标公式化成与或形,即消去符号"→",把否定符号移进符号内。

② 对全称量词 Skolem 化,并删去存在量词。

③ 与或形的目标公式与/或图表示。

在用与/或图表示目标表达式时,规定子表达式间的析取用单线连接符连接,即表示为"或"的关系,而子表达式的合取用 k-连接符连接,即表示为"与"的关系。也就是说,目标表达式中的"与""或"关系,和与/或图中的"与""或"关系是一致的。这与正向系统中对事实表达式的与/或图表示是不一样的。这一点可以这样来理解:对于目标来说,两个子表达式间如果是析取的话,则表示只要其中一个成立则目标成立,因此在与/或图中用"或"关系表示;如果子表达式间是合取的话,则必须每一个子表达式都成立,目标才能成立,所以在与/或图中用"与"关系表示。

目标表达式 $(E_1 \vee E_2 \vee \cdots \vee E_n)$ 可用图 2-59 表示。

目标表达式 $(E_1 \wedge E_2 \wedge \cdots \wedge E_n)$ 可用图 2-60 表示。

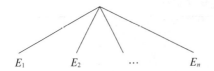

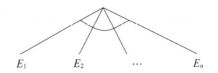

图 2-59 逆向演绎系统的析取关系与/或图　　图 2-60 逆向演绎系统的合取关系与/或图

[例]　目标表达式

$$(\exists Y)(\forall x)\{P(x)\rightarrow[Q(x,y)\wedge\neg[R(x)\wedge S(y)]]\}$$

被化成与或形：

$$\neg P(f(y))\vee\{Q(f(y),y)\wedge[\neg R(f(y))\vee\neg s(y)]\}$$

式中 $f(y)$ 为 Skolem 函数。

对目标的主要析取式中的变量标准化可得

$$\neg P(f(z))\vee\{Q(f(y),y)\wedge[\neg R(f(y)\vee\neg S(y))]\}$$

注意：不能对析取的子表达式内的变量 y 改名而使每个析取式具有不同的变量。

该例的与/或图如图 2-61 所示。

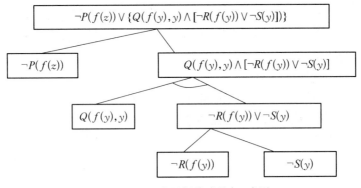

图 2-61　一个目标公式的与/或图

从这个目标公式可得子句集如下：

$$\{\neg P(f(Z)),Q(f(y),y)\wedge\neg R(f(y)),Q(f(y),y)\wedge\neg S(y)\}$$

可见目标子句是文字的合取，而这些子句的析取是目标公式。

（2）与/或图的 B 规则变换。逆向系统中的 B 规则限制为 $W\rightarrow L$ 的形式，其中前项 W 是任意形式的与或形公式，后项 L 是单文字，蕴涵式的任何变量都受全称量词约束。当 B 规则为 $W\rightarrow L_1\wedge L_2$ 时，可化简为两条规则 $W\rightarrow L_1$ 和 $W\rightarrow L_2$ 来处理。

当与/或图中有某个端点的文字和 L 可合一且 mgu 为 u 时，B 规则可应用，通过匹配弧连接的后裔节点 L，就是规则前项 W 对应的与/或图表示的根节点。规则应用后得到的解图集所对应的子句就是对偶系统归结时得到的归结式集。即将规则 $W\rightarrow L$ 的否定式（$W\wedge$

$\neg L$) 得到的子句和目标公式的子句一起,对文字 L 进行归结得到的归结式。

在逆向系统中,事实表达式限定为是文字的合取,并且进行了普通的 Skolem 化简,变量受全称量词约束。

(3) 作为终止条件的事实节点的一致解图。逆向系统中的事实表达式均限制为文字和取形,它可以表示为一个文字集。当一个事实文字和标在该图文字节点上的文字相匹配时,就可以把相应的后裔事实节点添加到该与/或图中去。这个事实节点通过标有 mgu 的匹配弧与匹配的子目标文字节点连接起来。同一个事实文字可以多次重复使用(每次用不同变量),以便建立多重事实节点。

逆向系统演绎过程的结束条件是生成的与/或图含有事实表达式,而事实表达式限制为文字的合取形式。当事实表达式有一个文字同与/或图中某一个端节点所标记的文字(子目标)匹配上时,就可以通过匹配弧把事实文字加到图上。这样当最后得到的与/或图包含一个结束在事实节点上的一致解图时,系统便结束演绎。一个一致解图是解图中匹配弧置换集具有合一复合置换的那个解图。和正向系统类似,B 规则可以多次调用,事实文字也可以多次匹配,但每次匹配都要进行变量改名。

下面通过一个简例说明逆向系统的演绎过程。

设事实有:

F_1: Dog(Fido)

F_2: $\neg$ Barks(Fido)

F_3: Wags-tail(Fido)

F_4: Meows(Myrtle)

规则集:

R_1: (Wags-tail(x_1) $\wedge$ Dog(x_1)) $\rightarrow$ Friendly(x_1)

R_2: (Friendly(x_2) $\wedge$ $\neg$ Barks(x_2)) $\rightarrow$ $\neg$ Afraid(y_2, x_2)

R_3: Dog(x_3) $\rightarrow$ Animal(x_3)

R_4: Cat(x_4) $\rightarrow$ Animal(x_4)

R_5: Meows(x_5) $\rightarrow$ Cat(x_5)

询问:

If there are a cat and a dog such that the cat is unafraid of the dog.

目标公式:

$$(\forall x)(\forall y)(\text{Cat}(x) \wedge \text{Dog}(y) \wedge \neg \text{Afraid}(x, y))$$

图 2-62 是一个逆向系统的例子。同在正向系统中一样,黑色粗的箭头是匹配弧,它表示与/或图中的一个节点与某规则的结论部分匹配。同样,箭头的方向并不代表合一的“方向”,合一完全按照通常的合一原则进行。如图中左边 Cat(x) 与规则 R_5 的 Cat(x_5) 合一,图中的置换是 $\{x/x_5\}$,该置换作用于规则 RR$_5$ 的前提部分,Meows(x_5) 变换为 Meows(x)。由于 x 和 x_5 都是变量,所以置换也可以是 $\{x_5/x\}$。该置换作用于规则 RR$_5$ 的前提部分,Meows(x_5) 保持不变。在 Meows(x_5) 与事实 Meows(Myrtle) 匹配时,置换变成了 $\{\text{Myrtle}/x_5\}$。此时由于 Myrtle 是常量,置换只能是 $\{\text{Myrtle}/x_5\}$。该局部图如图 2-63 所示。

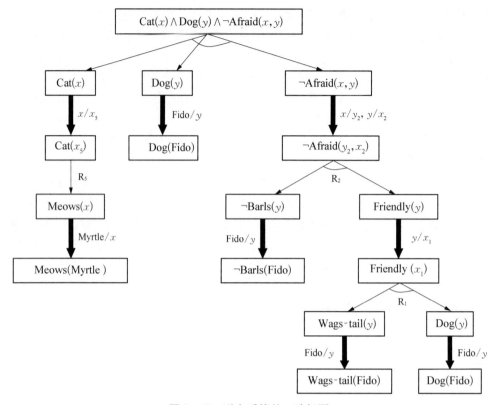

图 2 - 62   逆向系统的一致解图

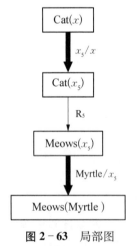

图 2 - 63   局部图

由于置换不一样了,该局部图与原图有所变化,但是最终得到的合一复合是一样的。

图 2 - 62 给出这个问题逆向求解的一个一致解图,规则的应用由规则编号标记。解图中的所有匹配弧的置换集是: $\{x/x_5\}$, $\{Myrtle/x\}$, $\{Fido/y\}$, $\{x/y_2, y/x_2\}$, $\{Fido/y\}$, $\{y/x\}$, $\{Fido/y\}$, $\{Fido/y\}$

由此求得的合一复合是: $\{Myrtle/x_5$, $Myrtle/x$, $Fido/y$, $Myrtle/y$, $Fido/x_2$, $Fido/x_1\}$

解图是一个一致解图,目标公式得到证明。把这个合一复合置换应用到目标公式得到的,其回答语句为

(Cat(Myrtle) ∧ Dog(Fido) ∧ ¬ Afraid(Myrtle, Fido))

3）正向系统和逆向系统的比较

表 2 - 2 总结了正向系统和逆向系统各自的特点,由于两者很相似,应该注意两者相同和不相同的部分,以免在使用时混淆。

虽然正向系统中的规则和目标公式以及逆向系统的事实公式和规则都有限制,但它们仍然可以适用于许多情况。我们还可以把正向和逆向的推理结合在一起,建立基于规则的双向演绎系统。这样可减少使用的限制,但在处理结束条件以及 F 规则和 B 规则的选取策略方面比较复杂,这方面的问题可参阅有关文献。

表 2-2　正向系统和逆向系统的比较

	正 向 系 统	逆 向 系 统
使用条件	(1) 事实表达式是任意形式 (2) 规则形式为 $L \rightarrow W$ 或 $L1 \vee L2 \rightarrow W$（L 为单文字，W 为任意形式） (3) 目标公式为文字析取形	(1) 事实表达式是文字合取形式 (2) 规则形式为 $W \rightarrow L$ 或 $W \rightarrow L1 \wedge L2$（$L$ 为单文字，W 为任意形式） (3) 目标公式是任意形式
化简过程	(1) 用 Skolem 函数消去事实表达式中的存在量词，化简的公式受全称量词的约束 (2) 对规则的处理同(1) (3) 用 Skolem 函数(对偶形)消去目标公式中的全称量词，化简的公式受存在量词约束	(1) 用 Skolem 函数(对偶形)消去目标公式中的全称量词，化简的公式受存在量词的约束 (2) 对规则的处理同(3) (3) 用 Skolem 函数消去事实表达式中的存在量词，化简的公式受全称量词的约束
初始综合数据库	事实表达式的与或树（$\vee$ 对应为与关系，$\wedge$ 对应为或关系）	目标公式的与或树（$\vee$ 对应为或关系，$\wedge$ 对应为与关系）
推理过程	从事实出发，正向应用规则（变量改名，前项与事实文字匹配，后项代替前项），直至得到目标节点为结束条件的一致解图为止	从目标出发，逆向应用规则（变量改名，后项与子目标文字匹配，前项代替后项），直至得到事实节点为结束条件的一致解图为止
子句形式	文字的析取式	文字的合取式
子集形式	子句的合取式(合取范式)	子句的析取式(析取范式)

2.6　语义网络

语义网络是 1968 年 Quiillians 在研究人类联想记忆时提出的心理学模型，认为记忆是由概念间的联系实现的。1972 年 Simon 首先用语义网络表示法建立了自然语言理解系统。

逻辑和产生式表示方法常用于表示有关论域中多个不同状态间的关系，然而用于表示一个事物各个部分间的分类知识就不方便了。而槽和填槽表示方法便于表示这种分类知识。这种表示方法包括语义网络、框架、概念从属和脚本等。语义网络是其中最简单的一种，它是这类表示法的先驱，同一阶逻辑有相同的表达能力。

语义网络是一种用实体及其语义关系来表达知识的有向图。它一般由一些最基本的语义单元组成，如图 2-64 所示。

图 2-64　语义基元

节点代表实体，表示各种事物、概念、情况、属性、状态、事件、动作等。

弧代表语义关系，表示它所连接的两个实体之间的语义联系，即节点间关系。

当把多个语义基元用相应的语义联系关联在一起的时候,就形成了一个语义网络。在语义网络中,每一个节点和弧都必须带有标识,这些标识用来说明它所代表的实体或语义。

注意:在语义网络中,弧是有向弧,方向不能随意调换。

2.6.1 语义网络的构成及特点

1. 语义网络的构成

该网络由四个相关部分组成:

(1) 词法部分:决定表示词汇表中允许有哪些符号,它涉及各个节点和弧线。

(2) 结构部分:叙述符号排列的约束条件,指定各弧线连接的节点对。

(3) 过程部分:说明访问过程,这些过程能用来建立和修正描述以及回答相关问题。

(4) 语义部分:确定与描述相关的(联想)意义的方法,即确定有关节点的排列及其占有物和对应弧线。

2. 语义网络的特点

(1) 能把实体的结构、属性与实体间的因果关系显式地和简明地表达出来,与实体相关的事实、特征和关系可以通过相应的节点弧线推导出来。

(2) 与实体概念相关的属性和联系被组织在一个相应的节点中,因而使概念易于受访和学习。

(3) 表现问题更直观,更易于理解。

(4) 从逻辑表示法来看,一个语义网络相当于一组二元谓词。三元组(节点1,弧,节点2)可写成 P(个体1,个体2),其中个体1、个体2对应节点1、节点2,而弧及其上标注的节点1与节点2的关系由谓词 P 来体现。但是语义网络的语义解释依赖于该结构推理过程而没有结构的约定,因而得到的推理不能保证像谓词逻辑法那样有效。

(5) 节点间的联系可能是线状、树状、网状的,甚至递归状的结构,使相应的知识存储和检查可能需要比较复杂的过程。

2.6.2 语义网络的表示

从功能上看,语义网络可以描述任何复杂的关系,而这种描述是通过把许多基本的语义关系关联到一起来实现的。

例如:小燕是一只燕子,它有一个巢可用语义网络表示(见图2-65)。

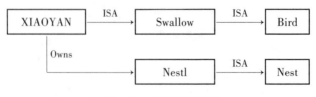

图2-65 语义网络示例

1. 语义网络中常用的语义联系

1) 事实性知识的表示

事实性知识是指有关领域内的概念、事实、事物的属性、状态及其关系的描述。

（1）成员集合关系可以用 ISA 弧表示。

例如：John ∈ {Employees} 的关系可用图 2-66 表示。

图 2-66　成员集合关系

即形如 $a \in$ A 类的表示。

（2）子集合关系用 AKO 弧表示。

例如：Employee 与相关概念 Person 可用图 2-67 表示。

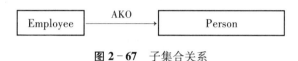

图 2-67　子集合关系

即形如 A ⊆ B 类的表示。这里需要注意的是,概念的属性具有继承的特性,即下层概念可以继承上层概念的属性,这样就可在下层概念中列出它独有的属性,而上层概念中的属性它都具有。

2）动作和事件的表示

有些表示知识的语句既有发出动作的主体,又有接受动作的客体和动作所作用的客体。在用语义网络表示这样的知识时,既可以把动作设立成一个节点,也可以将所发生的动作当成一个事件,设立一个事件节点。动作或事件节点也有一些向外引出的弧,用于指出动作的主体与客体,或指出事件发生的动作以及该事件的主体与客体。

（1）表示带动作的事件,增加一个"事件"节点来表示。

例如：表示"John 拳击 Tom"这一特定事件,可引入 Even#1 作为新对象,如图 2-68 所示。

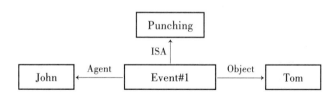

图 2-68　表达事件的语义网络

（2）n 个变元之间的相互关系（$n > 2$）,可通过先"创建"一个表达整个事件的新对象来作为新节点,然后用语义网络描述该新对象与每个实体的关系。

例如：Machine#12 在其构造中使用 20 次零件#1 的事件可以用图 2-69 表示。

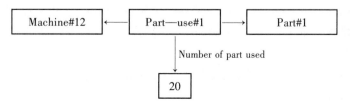

图 2-69　n 个变元关系

3）表示实体的值及其变化,引入弧 Value 可使特征更加清晰

例如:"Tom 的高度是 1.7 米并且还在增高"的事实(见图 2-70)。

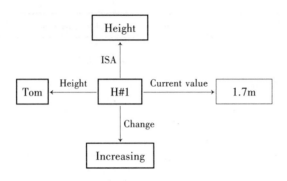

图 2-70　表示实体的值及其变化的语义网络

2. 逻辑关系的表示

事物之间不仅存在可以直接用关系弧表示的语义,也存在与、或、非、蕴涵等逻辑关系。可以通过附加一些特殊的标记来指示逻辑关系。

1）合取

语义网络中由关系弧指示的二元关系之间具有隐含的逻辑与关系,这种与关系的隐含可以从多元谓词公式转变为多个二元谓词公式的过程中观察到,不必作附加处理。

例如: John gave Mary the book。

GIVE(JOHN, MARY, Book)

用语义网络表示(见图 2-71)。

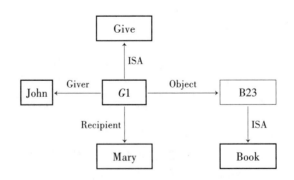

图 2-71　表示合取关系的语义网络

与节点 G1 相连的链 giver, object, recipient 之间是合取关系,也可以用虚线框将这些弧围起来,并在虚线框上加标记 CONJ(conjunction)表示。

2）析取

当两条(或多条)关系弧有逻辑或关系时,可以用虚线框将这些弧围起来,并在虚线框上加标记 DIS(disjunction)表示。

〔**例**〕　ISA(A, B) $\lor$ PART-OF(B, C)。

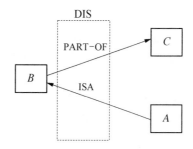

图 2-72　表示析取关系的语义网络

[例]　John is a programmer or Mary is a lawyer,如图 2-73 所示。

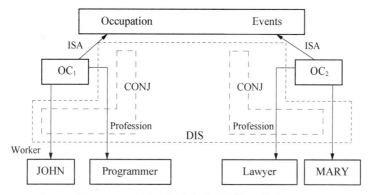

图 2-73　合取和析取相嵌的语义网络表示

3）否定

可以采用¬ ISA 和¬ PART-OF 或用加标签 NEG(negtive)的虚线框将两条或多条关系弧围起来,以指示对这些弧联合语义的取反。

[例]

(1) ¬ (A ISA B),如图 2-74 所示。

图 2-74　否定在语义网络中的表示之一　　图 2-75　否定在语义网络中的表示之二

(2) ¬ (B PART-OF C),如图 2-75 所示。

(3) ¬ [ISA(A, B)∧PART-OF(B, C)],如图 2-76 所示。

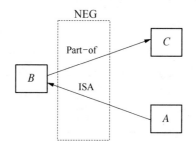

图 2-76　否定在语义网络中的表示之三

4）蕴涵

以加标签 ANTE（antectedent）的虚线框围住描述蕴涵前项的关系弧，以加标签 CONSE（Consequent）的虚线框围住描述蕴涵后项的关系弧，然后再用一条虚线将这两个虚线框链接起来，以表示它们属于同一个蕴涵关系。

在两个事件之间的蕴涵关系的表示时，ANTE（antectedent）指先决条件，CONSE（Consequent）指结果。

[例] Every one who lives at 37 Maple street is a programmer，如图 2－77 所示。

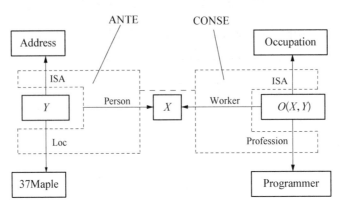

图 2－77 蕴涵的语义网络表示

5）存在量词∃和全称∀的表示

对存在量词，可以直接用 ISA 来表示。对全称量词，可采用 G.G. Hendrix 提出的网络区分技术。该技术的基本思想是：把一个复杂命题划分为若干个子命题，每个子命题用一个较简单的语义网络表示，称为子空间，多个子空间构成一个大空间。每个子空间可以看做大空间的一个节点，称为超节点。空间可以逐层嵌套，子空间之间用弧相互连接。

[例1] The dog bit the postman，如图 2－78 所示。

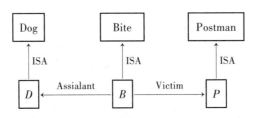

图 2－78 量词在语义网络中的表示之一

[例2] 用语义网络表示：Every dog has bitten the postman。

根据网络分区技术，本例"Every dog has bitten every postman"其语义网络如图 2－79 所示。其中 G_S 是一个概念节点，它表示具有全称量化的一般事件；g 是一个实例节点，代表 G_S 中的一个具体例子。D 是一个全称变量，表示任意一条狗；B 是一个存在变量，表示某一次咬人；P 是一个存在变量，表示某一位邮递员。这样 D、B、P 之间的语义联系就构成了一个子空间，它表示每一条狗 D 会咬邮递员 P。在从节点 g 引出的三条弧线中，ISA 弧说明节点 g 是 G_S 中的一个实例；From 弧说明它所代表的子空间机器具体形式；∀弧说明它所代表的全称量词,每一个全称量词都需要一条这样的弧,子空间中有多少个全称量词,就需要有多少条这样的弧。

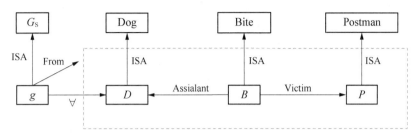

图 2－79　量词在语义网络中的表示之二

[例 3]　用语义网络表示：Every dog has bitten every postman

在网络分区技术中,要求 Form 指向的子空间中所有非全称变量的节点都应该是全称变量节点的函数,否则应该放在空间的外面。本例"Every dog has bitten every postman",其语义网络表示如图 2－80 所示。

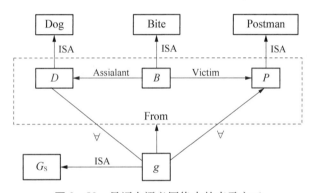

图 2－80　量词在语义网络中的表示之三

6) 用语义网络表示知识的步骤

用语义网络表示知识的步骤如下：

(1) 确定对问题中的所有对象以及各对象的属性。

(2) 分析并确定语义网络中所论对象间的关系。

(3) 根据语义网络中所涉及的关系,对语义网络中的节点及弧进行整理,包括增加节点、弧和归并节点。

① 在语义网络中,如果节点间的联系是 ISA/AKO 等类属关系,则下层节点对上层节点的属性具有继承性。整理同一层节点的共同属性,并抽出这些属性,加入上层节点中,一面造成属性信息的冗余。

② 如果要表示商务知识中含有因果关系,则设立情况节点,并从该节点引出多条弧将原因节点和结果节点连接起来。

③ 如果要表示的知识中含有动作关系,则设立动作节点,分析动作的主体与客体,从动作节点引出多条弧,将主体与客体连接起来。

④ 对于事件性知识的表示,可以设置一个事件节点,分析事件中所涉及的动作以及该动作的主体与客体。从事件节点引出多条弧,将事件中所涉及的动作、事件的主体、事件的

客体连接起来。

⑤ 如果要表示的知识中含有逻辑组成的关系,即含有"与"和"或"关系时,可在语义网络中设立"与"节点或"或"节点,并用弧将这些"与""或"与其他节点联系起来,表达知识中的关系。

⑥ 如果要表示的知识中含有全称量词的复杂问题,则应采用 G.G. Hendrix 的网络分区技术,将该复杂问题分解成若干子问题,对每个子问题用一个简单的语义网络进行表示;然后,再将这些简单的语义网络看作一个节点,称为超节点,并将多个超节点用弧线连接起来,构成一个含有全称量词的大的语义网络。

⑦ 如果要表示的知识是规则性知识,则应分析问题中的条件和结果,并将它们作为语义网络中的两个节点,然后用有向弧将它们连接起来,该有向弧具有"如果……,那么……"的含义。

(4) 分析检查语义网络中是否还有要表示的知识中所涉及的所有对象,若有遗漏,则须补全,并将各对象间的关系作为网络中各节点间的有向弧,链接形成语义网络。

(5) 根据第(1)步的分析结果,为各对象表示属性。

2.6.3 语义网络的推理

在语义网络知识表达方法中,没有形式语义。和谓词逻辑不同,语义网络知识表达方法对给定的表达结构表示什么语义没有统一的表示法,赋予网络结构的含义完全取决于管理这个网络的过程的特征(见图 2-81)。

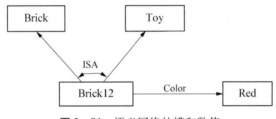

图 2-81 语义网络的槽和数值

为了叙述的方便,我们对所用符号作进一步的规定,将尾部的节点称为值节点。

语义网络中的推论有两种:一种是继承,另一种是匹配。

1. 继承

语义网络中,所谓的继承是把对事物的描述从概念节点或类点节传递到实例节点。

在图 2-82 中,Brick 是概念节点,Brick12 是实例节点。Brick 节点在 Shape(外形)槽,其中填入 Rectangular(矩形),说明砖块的外形是矩形的,这个描述可以通过 ISA 链传递给实例节点 Brick12。因此,虽然 Brick12 节点没有 Shape 槽,但可以从这个语义网络推理出Brick12 的外形是矩形。

继承的方法有三种:

1) 值继承

ISA, AKO = A - KIND - OF

值继承程序:

设 F 是给定的节点,S 是给定的槽。

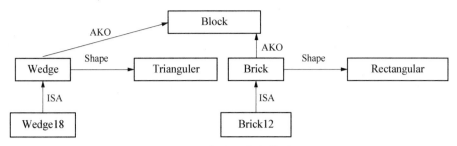

图 2 - 82 语义网络的值继承

① 建立一个由 F 以及所有和 F 以 ISA 链相连的类节点的表,在表中 F 节点排在第一个位置。

② 检查表中第一个元素的 S 槽是否有值,直到表为空或找到一个值。

③ 如果表中第一个元素在 S 槽中有值,就认为找到一个值。

④ 否则,从表中删除第一个元素,并把以 AKO 链与此第一个元素相连的节点加入到这个表的末尾。

⑤ 如果找到了一个值,那么就说这个值是 F 节点的 S 槽的值,否则就宣告失败。

2)"如果需要"继承

在某些情况下,当我们不知道槽值时,可以利用已知信息来计算。

[例]　我们可以根据体积和密度来计算积木的重量,进行上述计算的程序称为 IF - NEEDED(如果需要)程序,如图 2 - 83 所示。

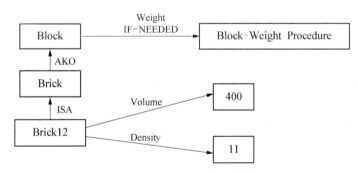

图 2 - 83 语义网络的如果需要继承

为了储存进行上述计算的程序,我们需要改进节点、槽、值的结构,允许槽有几种类型的值而不只是一个类型。为此,每个槽又可以有若干个侧面,以储存这些不同类型的值。原始意义上的值放在"值侧面"中,IF - NEEDED 程序存放在 IF - NEEDED 侧面中。

计算重量的 IF - NEEDED 程序:

如果在 VOLUME(体积)和 DENSITY(密度)槽中有值;

① 把这两个槽中值的乘积放入 WEIGHT 槽中。

② 把上述乘积记下作为节点的重量值。

可见,由图就可求出积木的重量。

"如果需要"(IF - NEEDED)继承程序。

设 F 是给定的节点,S 是给定的槽。

① 建立一个由 F 以及所有和 F 以 ISA 链相连的类节点的表，在此表中，F 节点排在第一个位置。

② 检查表中第一个元素的 S 槽的 IF - NEEDED 侧面中是否存在一个过程，直到表为空或找到一个成功的 IF - NEEDED 过程为止。

③ 如果侧面中存有一个过程，并且这个过程产生一个值，那么就认为已找到一个值。

④ 否则，从表中删除这第一个元素，并把以 AKO 链和此第一个元素相连的节点加入到这个表的末尾。

⑤ 如果一个过程找到一个值，那么就说所找到的值是 F 节点的槽值，否则宣告失败。

在图 2 - 83 所示的例子中，Block 节点中的程序根据 Brick12 的体积和密度计算 Brick12 节点的重量，并把计算结果存入节点 Brick12 的 Whight 槽的值侧面中，如图 2 - 84 所示。

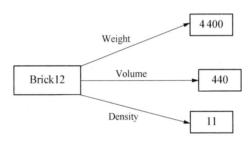

图 2 - 84 语义网络的如果需要继承

3）"默认"继承

我们把具有相当程度的真实性，但又不能十分肯定的值称为"默认"值.这种类型值被放入槽 Default(默认)侧面中。

[例] 从整体上说，积木的颜色很可能是蓝色的，但在砖块中，颜色可能是红的。对 Block 和 Brick 节点来说，在 Color 槽中找到的侧面都是 Default 侧面，如图 2 - 85 所示。

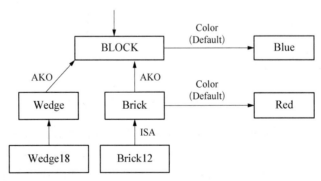

图 2 - 85 语义网络的"默认"继承

"默认"(Default)继承程序：

设 F 是给定的节点，S 是给定的槽

（1）建立一个由 F 以及所有和 F 以 ISA 链相连的类节点的表，在此表中，F 节点排在第一个位置。

（2）检查表中第一个元素的 S 槽的 DEFAULT 侧面中是否有值，直到表为空或找到一个默认值为止。

① 如果表中第一个元素的 S 槽的 DEFAULT 侧面中有值,那么就认为已找到一个值。

② 否则,从表中删除这第一个元素,并把以 AKO 链和此第一个元素相连的节点加入到这个表的末尾。

③ 如果找到了一个值,那么就说所找到的值是 F 节点的 S 槽的默认值,否则宣告失败。

2. 匹配

上面讨论的是类节点和实例节点之间的继承。下面用一个例子来说明匹配关系。

如图 2 – 86 所示,玩具房 Toy-House 和玩具房 Toy-House77(实线表类节点,虚线表实例节点)。继承过程将如何进行? 我们不仅必须考虑把值从玩具房 Toy-House 传递到玩具房 Toy-House77 的路径,而且须考虑把值从玩具房 Toy-House 部件传递到玩具房 Toy-House77 部件的路径。由于 Toy-House77 是 Toy-House 的一个实例,所以它与 Toy-House 除了有继承关系外,还需有部件的匹配。

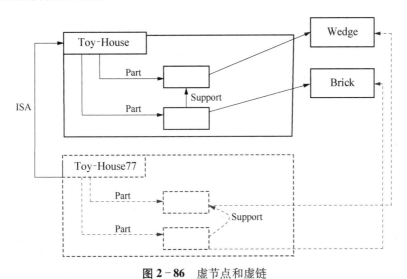

图 2 – 86　虚节点和虚链

图 2 – 87 中的结构 35(Structure35)有两个部件,一个砖块 Brick12 和一个楔块 Wedge18。

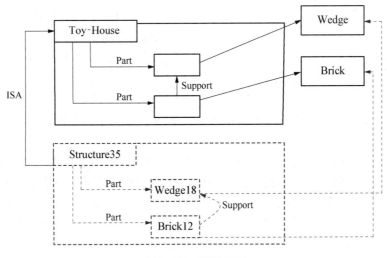

图 2 – 87　部件匹配

一旦在 Structure35 和 Toy-House 之间放上 ISA 链，那么 Brick12 必须支撑 Wedge18。在图中用虚线箭头表示 Brick12 和 Wedge18 的 Support 虚链。Wedge18 肯定和作为 Toy－House 的一个部件的楔块相匹配，而 Brick12 肯定和砖块相匹配。

2.6.4 语义网络表示的优缺点特点

（1）语义网络是一种有向图的表示方法，它由节点和弧组成，其表达直观、自然、易于理解，其继承推理方式符合人们的思维习惯。

（2）基于语义网络表达的系统便于以联想方式实现系统的解释，自然语言与语义网络之间的转换比较容易实现。

（3）语义网络表示法用节点代表世界上的各种事物，用弧代表事物间的任何联系，其形式过于简单，难以表达复杂的关系。若通过增加联系的方法来表达较复杂的关系，则网络的复杂度会大大增加，相应的知识存储和检索、管理和维护就会更复杂。

（4）语义网络没有赋予起节点和弧以确切的含义，其推理过程中有时难以区分物体的类和实例的特点，导致不同的推理过程对应不同的解释，不具备逻辑系统那样的有效性，从而不能保证推理结果的正确性。

2.7 其他知识表示与问题求解方法

智能问题求解中的知识表示是人工智能中的一个核心问题，在这一领域中，始终存在着很多重要而又难以逾越的挑战。针对不同的问题，采用不同的手段来解决是必要的。

2.7.1 框架

框架表示法是以框架理论为基础发展起来的一种适应性强、概括性高、结构化良好、推理方式灵活、又能把陈述性知识与过程性知识相结合的知识表示方法。

Minsky 在 1975 年的一篇论文中提出了框架理论，基本观点是：当一个人遇到新的情况或者其看待问题的观点发生实质性变化时，他会从记忆中选择一种结构，即"框架"。这是一种记忆下来的轮廓，按照需要改变其细节就可以用其拟合真实情况。

根据 Minsky 的理论，可以把框架看作是一种静态的数据结构，用来表示熟知的典型情况。人们对世界的知识是按照像框架一样的结构组织的，通过调用根据过去经验构造出的信息，可以把框架调整到所有新的情况。使用框架可以在现实组织的数据结构中捕捉问题域中隐含的信息连接，把知识组织成更复杂的单元，以反映问题域中对象的组织方式。

例如，当一个人将要走进一间教室之前，他能够预见教室的基本结构，如教室一定有四面墙，有门、窗、天花板、地板、黑板、讲台、课桌椅等，这是由于之前在其头脑中已经建立了有关"教室"这一概念的基本框架。这一基本框架不仅指出了相应事物的名称（教室），而且还指出了事物各有关方面的属性（墙、门、窗、黑板、讲台、课桌椅等），通过对该框架的查找就很容易得到有关教室的特征。当这个人进入到教室之后，经过观察得到教室的大小、门窗个数等细节，把这些数据填入到教室框架中，就得到教室框架的一个具体实例，称为实例框架。

框架提供了一种组织工具,利用框架可以将实例表示为结构化的对象,对象可以带有命名槽和相应的值。

框架理论将框架视为知识的单位,将一组有关的框架联结起来便形成框架系统。系统中不同框架可以有共同节点,系统的行为由系统内框架的变化来表现,推理过程是由框架间的协调来完成的。

1. 框架的定义及组成

框架(Frame)是一种描述所论对象属性的数据结构,一个框架框架名、槽(slot)、侧面和值 4 个部分组成。在框架表示中,槽用于描述事物的各个方面的属性。一个框架可以有若干个槽,一个槽描述所论及对象的某一方面的属性,一个侧面用于描述相应属性的一个方面。每个槽可以拥有若干个侧面,而每个侧面又可以有若干个值。槽和侧面所具有的属性值分别称为槽值和侧面值。槽值可以是逻辑型或数字型的,具体的值可以是程序、条件、默认值或者是一个子框架。例如:一个人可以用其职业、身高和体重等项描述,因而可以用这些项目组成框架的槽。当描述一个具体的人时,再将这些项目的具体值填入到相应的槽中。

框架可用如下格式表示:

<框架名>

  <槽名 1>

    <侧面 11>

      <值 111>$\cdots$<值 $11k_1$>

      $\cdots$

    <侧面 $1n_1$>

      <值 $11n_1 1$>$\cdots$<值 $11n_1 k_{n1}$>

  <槽名 2>

    <侧面 21>

      <值 211>$\cdots$<值 $21k_1$>

      $\cdots$

    <侧面 $2n_2$>

      <值 $2n_2 1$>$\cdots$<值 $2n_1 k_{n2}$>

      $\cdots$

一个槽的默认侧面为槽的属性提供了一个隐含值。如椅子的腿通常为 4 条,如果一个实际问题的上下文没有提供相反的证据,则认为隐含值是正确的。一个槽的附加过程侧面包含一个附加过程,在上下文和默认侧面都没有给出需要的属性值时,附加过程给出槽值的计算过程或填槽时要做的动作,通常对应于一组子程序。附加过程把过程性知识有机地结合到框架的表示之中。框架系统除了有继承关系,还有嵌套关系。

在框架系统中,每个侧面有四种填写方式:

(1)靠已知的情况或物体属性提供;

(2)通过默认隐含;

(3)通过调用框架的继承关系实现属性值继承;

(4)对附加过程侧面通过执行附加过程实现。

2. 用框架表示知识的步骤

对于要被表达的知识,其中可能包含着许多对象,各对象之间有着各种各样的联系,将这些有关系的对象的框架联结起来,便形成了要被表达知识的框架系统。用框架表示知识的步骤如下:

(1) 分析待表达知识中的对象及其属性,对框架中的槽进行合理设置。依次为:

① 把被表达的知识中的所有对象找出来。

② 用框架将各对象表示出来。

③ 对对象的属性进行筛选,把需要的属性找出来,并为其设置相应的槽。

(2) 对各对象间的各种联系进行考察,使用一些常用的或根据具体需要定义一些表达联系的槽名,来描述上下层框架间的联系。常用的槽名有:

① ISA 槽。ISA 槽用于指出对象间抽象概念上的类属关系,其直观含义是"是一个"、"是一种"或"是一只"等。ISA 槽指出的联系具有继承性,即下层框架可继承上层框架所描述的属性及值。

② AKO 槽。AKO 槽用于具体地指出对象间的类属关系,其直观含义是"是一种"。当用它作为某下层框架的槽时,就明确了该下层框架所描述的事物是其上层框架所描述事物中的一种,下层框架可继承上层框架中的属性及值。

③ Instance 槽。Instance 槽用来表示 AKO 的逆关系。当用它作为某上层框架的槽时,可在该槽中指出它所联系的下层框架。用 Instance 槽指出的联系都具有继承性,即下层框架可继承上层框架所描述的属性及值。

④ Part - of 槽。Part - of 槽用于指出"部分"与"全体"的关系。当用其作为某框架的一个槽时,槽中所填的值称为该框架的上层框架,该框架所描述的对象只是其上层框架所描述对象的一部分。Part - of 槽所描述的上下层框架间不具有属性继承性。如:"人体"和"手"的关系可用 Part - of 槽联系。

(3) 对各层对象的"槽"及"侧面"进行合理组织安排,避免信息描述的重复。表示知识时,把不同框架中的相同属性抽取出来构成上层框架,而在下层框架中只描述某一种对象所具有的独特属性。

【例 1】 教室框架。教室框架由 14 个槽组成,分别描述"教室"的 14 个方面的情况或属性。如果把某个具体教室的有关情况填入槽或侧面后,就得到一个该教室的实例框架。

  框架名:<教室>

    墙数:

    窗数:

    门数:

    座位数:

    前墙:<墙框架>

    后墙:<墙框架>

    左墙:<墙框架>

    右墙:<墙框架>

    门:<门框架>

    窗:<窗框架>

　　　　黑板：<黑板框架>

　　　　天花板：<天花板框架>

　　　　地板：<地板框架>

　　　　讲台：<讲台框架>

　　【例2】 有关于地震的报道："今天,一次强度为里氏 8.5 级的强烈地震袭击了下斯洛文尼亚地区,造成 25 人死亡和 25 亿美元财产损失。下斯洛文尼亚地区主席说:多年来,靠近萨迪壕金斯断层的重灾区一直是一个危险地区。这是本地区发生的第 3 号地震。"

　　用框架表示如下:

　　(1) 确定属性,即框架的槽。有地点、时间、伤亡人数、财产损失数量、地震强度、断层情况等。

　　(2) 分析各对象间的关系。本例只涉及地震一件事,即只有一个对象。

　　(3) 将有关数据填入相应的槽,得到 3 号地震的框架。

　　框架名：<地震 3>

　　　　地点：下斯洛文尼亚

　　　　时间：今天

　　　　伤亡人数：25

　　　　财产损失：25 亿美元

　　　　震级：8.5

　　　　断层：萨迪壕金斯

　　地震是一种自然灾害,自然灾害也包括了洪水、飓风等,于是本例中的框架,可以上移一层,发展为框架系统。

　　自然灾害、地震、洪水、飓风都可以用框架表示,用框架联系 ISA/Instance 将它们联系起来即形成了一个框架系统。

　　框架名：<地震 3>

　　　　ISA：<自然灾害>

　　　　地点：

　　　　时间：

　　　　伤亡人数：

　　　　财产损失：

　　　　……

　　框架名：<洪水>

　　　　ISA：<自然灾害>

　　　　地点：

　　　　时间：

　　　　伤亡人数：

　　　　财产损失：

　　　　……

　　框架名：<飓风>

ISA：<自然灾害>

地点：

时间：

伤亡人数：

财产损失：

……

框架名：<自然灾害>

Instance：<地震>,<洪水>,<飓风>

地点：

时间：

伤亡人数：

财产损失：

……

3. 框架的推理

框架表示下的知识推理方法与语义网络表示下的知识推理方法类似,遵循匹配和继承的原则。框架表示的问题求解系统由两部分构成：一是由框架及其相互关联构成的知识库;二是用于求解问题的解释程序——即推理机。

框架求解问题的匹配推理步骤：

(1) 把待求解问题用一个框架表示出来,其中有的槽时空的,表示待求解的问题,称为未知处。

(2) 与知识库中已有的框架进行匹配。通过对应的槽名及槽值逐个进行比较来进行匹配,如果两个框架的各对应槽没有矛盾或者满足预先规定的某些条件,就认为这两个框架可以匹配。找出一个或几个可匹配的预选框架作为初步假设,在初步假设的引导下收集进一步的信息。

(3) 使用一种评价方法对预选框架进行评价,以便决定是否接受它。

(4) 若可接受,则与问题框架的未知处相匹配的事实就是问题的解。

值得注意的是,由于框架间存在继承关系,一个框架所描述的某些属性及值,可能是从它的上层框架那里继承过来的,因此两个框架的比较往往要涉及它们的上层、上上层框架,这就增加了匹配的复杂性。框架系统的问题求解过程,是符合人们求解问题思维过程的。

4. 框架表示法的特点

(1) 框架表示法最突出的特点是能够把知识的内部结构关系及知识间的联系表示出来,是一种结构化的知识表示方法。

(2) 框架表示法通过将槽值设置为另一个框架的名字而实现框架间联系,建立起表示复杂知识的框架网络。下层框架可以继承上层框架的槽值,也可以进行补充和修改,不仅减少了知识的冗余,而且较好地保证了知识的一致性。

(3) 框架表示法体现了人们在观察事物时的思维活动,当遇到新事物时,通过从记忆中调用类似事物的框架,并将其中某些细节进行修改、补充,形成对性事物的认识,这与人们的认识活动是一致的。

（4）框架表示法的不足之处是不善于表达过程性知识。因此,经常与产生式表示法结合起来使用,取得互补的效果。

2.7.2　脚本

在日常生活中,很多常识性的知识需要以一种叙事体的形式来表达。如一个成年人到餐厅用餐,通常会在餐厅入口处受到接待,或者通过标志继续向前找到桌子。如果菜单没在桌上,服务员也没有送过来,那么顾客会向服务员要菜单,然后点菜、食用、付账、离开。

这种叙事体表示的知识涉及面比较广,关系也较复杂,而自然语言理解程序即使要理解非常简单的会话,也需要使用相当大数量的背景知识,因此很难将叙事体表示的知识以形式化的方法表示出来交给计算机处理。为了解决这一问题,1977 年美国耶鲁大学的 R.C. Schank 和他的研究设计小组根据概念从属理论,提出了脚本(Scripts)表示法。

1）脚本的定义

脚本是一种结构化的表示,被用来描述特定上下文中固定不变的事件序列。自然语言理解系统使用脚本来根据系统要理解的情况组织知识库,在表示以叙事体表达的知识时,首先将知识中的各种故事情节的基本概念抽取出来,构成一个原语集确定原语集中各原语间的相互依赖关系,然后把所有的故事情节都以原语集中的概念及它们之间的从属关系表示出来。在抽象概念原语时,都应该遵守概念原语不能有歧义性、各概念原语应当互相独立等基本要求。

Schank 在其研制的 SAM(Script Applier Mechanism)中对人的各种行为进行了原语化,抽象出了 11 种行为原语:

（1）INGEST：表示把某物食入体内,如吃饭、喝水等。

（2）PROPEL：表示对某一对象施加外力,如推、压、拉等。

（3）GRASP：表示行为主体控制某一对象,如抓起某件东西、扔掉某件东西等。

（4）EXPEL：表示把某物排出体外,如撒尿、呕吐等。

（5）PTRANS：表示某一物理对象物理位置的改变,如某人从一处走到另一处,其物理位置发生了变化。

（6）MOVE：表示行为主体移动自己身体的某一部分,如抬手、弯腰等。

（7）ATRANS：表示某种抽象关系的转移。如当把某物交给另一人时,该物的所有关系即发生了转移。

（8）MTRANS：表示信息的转移,如看电影、交谈、读书等。

（9）MBUILD：表示由已有的信息形成新信息,如由图、文、声、像形成的多媒体信息。

（10）SPEAK：表示发出声音,如歌唱、喊叫、说话等。

（11）ATTEND：表示用某个感觉器官获取信息,如用眼睛看某种东西或用耳朵听某种声音。

使用这 11 种行为原语及其相互依赖关系,可以把生活中的事件编制成脚本,每个脚本代表一类事件,并把事件的典型情节规范化。当接受一个故事时,找一个与之匹配的脚本,根据脚本排定的场景次序来理解故事的情节。

2）脚本的组成

脚本与日常生活中的电影剧本相似,有角色、道具、场景等。一个脚本由以下几个部分组成(人工智能复杂问题求解 P174)。

（1）进入条件(entry condition)：调用脚本必须满足的条件描述。

（2）角色(role)：各个参与者所执行的动作。

（3）道具(prop)：支持脚本内容的各种"东西"。

（4）场景(scene)：把脚本分解为一系列的场景,每一个场景表示脚本的一段内容。

（5）结果(result)：脚本一旦终止就成立的事实。

3）用脚本表示知识的步骤

（1）确定脚本运行的条件,脚本中涉及的角色、道具。

（2）分析所要表示的知识中的动作行为,划分故事情节,并将每个故事情节抽象为一个概念,作为分场景的名字,每个分场景描述一个故事情节。

（3）抽取各个故事情节(或分场景)中的概念,构成一个原语集,分析并确定原语集中各原语间的相互依赖关系与逻辑关系。

（4）把所有的故事情节都以原语集中的概念及它们之间的从属关系表示出来,确定脚本烦人场景序列,每一个子场景可能由一组原语序列构成。

（5）给出脚本运行后的结果。

【例】 用脚本表示顾客到餐厅用餐。

脚本：餐厅

（1）进入条件：① 顾客饿了,需要进餐。

② 顾客有足够的钱。

（2）角色：顾客、服务员、厨师、收银员、礼仪小姐。

（3）道具：食品、桌子、菜单、钱。

（4）场景。

场景 1：进入

PTRANS　　　　顾客走进餐厅。

场景 2：找座

① ATTEND　　　寻找桌子。

② PTRANS　　　走到确定的桌子旁。

③ MOVE　　　　在桌子旁坐下。

场景 3：点菜

① ATRANS　　　服务员给顾客菜单。

② MBUILD　　　顾客点菜。

③ ATRANS　　　顾客把菜单还给服务员。

场景 4：等待

① MTRANS　　　服务员告诉厨师顾客所点的菜。

② DO　　　　　厨师做菜。（通过调用"做菜"的脚本来实现）

场景 5：吃饭

① ATRANS　　　厨师把做好的菜给服务员。

　　② ATRANS　　　　服务员把菜送给顾客。

　　③ INGEST　　　　顾客吃菜。

场景 6：接受账单

　　① MTRANS　　　　顾客告诉服务员要结账。

　　② ATRANS　　　　服务员拿来账单交给顾客。

场景 7：付账

　　① MTRANS　　　　顾客付钱给服务员。

　　② ATRANS　　　　服务员将钱交给收银员。

场景 8：离开

　　① PTRANNS　　　 顾客离开餐厅。

　　② SPEAK　　　　 礼仪小姐向顾客说"欢迎再次光临"。

（5）结果。

　　① 顾客吃了饭,不饿了。

　　② 顾客花了钱。

　　③ 老板赚了钱。

　　④ 餐厅食品少了。

4）脚本的推理

　　脚本表示法对事实或事件的描述结果为一个因果链,所描述的每一个事件前后是相互联系的。用脚本表示的问题求解系统一般包括知识库和推理机。知识库中的知识用脚本来表示,当需要求解问题时,推理机首先到知识库中搜索是否有适用于描述所要求解问题的脚本,如果有,则利用一定的控制策略,选择一个脚本作为启动脚本,将其激活,运行脚本,利用脚本中的因果链实现问题的推理求解。基于脚本表示的推理是一个匹配推理,推理过程假设所要求解的问题发生过程符合脚本中所预测的事件序列,如果所求解问题事件序列被中断,则可能会得出错误的结果。

5）脚本表示法的特点

（1）脚本表示法体现了人们在观察事物时的思维活动,组织形式类似于日常生活中的电影剧本,对于表达预先构思好的特定知识,如何理解故事情节等,都是非常有效的。

（2）脚本表示法是一种特殊的框架表示法,能够把知识的内部结构关系及知识间的联系表示出来。

（3）脚本表示法的不足之处是它对知识的表示比较呆板,所表示的知识范围比较窄,不太适合用来表达各种各样的知识。

2.7.3　过程

　　知识表示方法分为陈述性表示法和过程性表示法两类。陈述性知识表示强调的是事物所涉及的对象是什么、是对事物有关知识的静态描述、是知识的显式表达形式,通过控制策略来决定如何使用这些知识。而过程性知识表示是将所要表示的知识及如何使用这些知识的控制策略一起隐式地表示为一个或多个求解问题的过程。过程性知识表示给出的是事物的一些客观规律,表达的是如何求解问题。

1. 知识的过程表示法

过程表示法的本质是用程序的形式对知识进行表示,在这种表示法中已将那些用于求解问题的控制策略融于知识表示之中。过程表示法可以用多种实现形式,下面以过程规则表示法为例,说明知识的过程表示方法。

1)激发条件

激发条件指在求解问题过程中,启动该知识所应满足的条件,或者说是调用一个知识库中的程序所应具备的条件或提供哪些参数。激发条件一般由两部分构成:推理方向和调用模式。推理方向用以确定被调用过程是正向推理还是反向推理;调用模式则是调用该过程的形式参数,在调用该过程用于推理时,需要调用过程规则才能被激活。对于正向推理,只有当综合数据库中的已有事实可以与其调用模式匹配时,该过程规则才能被激活,数据库中的已有事实就类似实参;对方向推理,只有当调用模式与查询目标或子目标匹配时,才能将该过程规则激活,查询目标或子目标就类似实参。

2)演绎操作

演绎操作就是一个过程中将依次被执行的那些动作,由一系列的子目标构成,每一个子目标就类似程序中的一条语句。在应用推理求解问题时,当启动知识库中某个过程的激发条件被满足时,该过程即被启动,其中的每一个操作将被依次执行。

3)状态转换

状态转换操作是指过程被执行中,用来完成对综合数据库的增、删、改操作。分别用INSERT、DELETE 和 MODIFY 操作符实现。

4)返回

过程规则的最后一个语句是返回语句,用以将控制权返回到调用该过程规则的上一级过程处。

【例】 问题描述如下:

如果张三与李四是同班同学,且王五是张三的老师,求证:王五也是李四的老师。

解:综合数据库中有这样的已知事实:张三与李四是同班同学,王五是张三的老师,表示为:

(Classmate 张三 李四),(Teacher 王五 张三)

规则库中有一个用过程规则表示的描述师生关系"如果 x 与 y 是同班同学,且 z 是 x 的老师,则 z 也是 y 的老师"的过程:

BR(Teacher ? z ? y)

GOAL(Classmate ? x y)

GOAL(Teacher z x)

INSERT(Teacher z y)

RETURN

求解采用反向推理方式进行。

(1)在知识库中找出与问题(Teacher ? w ? v)相匹配的过程,(Teacher ? w ? v)就是调用模式,过程 BR(Teacher ? z ? y)的激发条件可以被满足,启动过程 BR(Teacher ? z ? y)

（2）执行第一个演绎操作 GOAL（Classmate　? x　y）。经与综合数据库的已知事实（Classmate　张三　李四）匹配，分别求得变量 x 及 y 的值，x＝张三，y＝李四

（3）执行第二个演绎操作 GOAL（Teacher　z　x），经与已知事实（Teacher　王五　张三）匹配，求得变量的值，z＝王五，x＝张三

（4）执行该过程中的第三个演绎操作 INSERT（Teacher　z　y），此时 z 与 y 的值均已知道，分别是王五和李四，因此这是插入数据库的事实是：（Teacher　王五　李四）

这表明"王五也是李四的老师"，问题得证。

2. 过程表示法的特点

（1）过程性知识表示法用程序来表示知识，程序中嵌入了推理过程的控制策略，可以避免选择和匹配无关的知识，也不需要跟踪不必要的路径，因此比陈述性知识表示法程序求解效率高得多。

（2）由于控制策略已嵌入到程序中，因而推理的控制策略比较容易设计和实现。

（3）过程性知识表示法将知识蕴涵于程序中，因而不易对知识库进行修改或更新，而且对知识库的某一过程进行修改时，可能会影响到该过程调用的其他过程，所以对知识库的维护极不方便。

（4）由于有些知识并不适合用程序表示，因此过程性知识表示法适用的表示范围较窄。

习题

（1）什么是知识？知识表示的意义是什么？

（2）试分别简述知识的逻辑表示和语义网络表示的特点。

（3）有 3 个传教士和 3 个野人来到河边准备渡河，河岸有一条船，每次至多可供 2 人乘渡。问传教士为了安全起见，应如何规划摆渡方案，使得在任何时刻，河岸两边以及船上的野人数目总是不超过传教士的数目？ 即求解传教士和野人从左岸全部摆渡到右岸的过程中，任何时刻满足 M（传教士数）$\geq C$（野人数）和 $M + C \leqslant 2$ 的摆渡方案。 使用逻辑表示模式表示上述知识。

（4）把下列句子用语义网络表示出来：

① 张三是一个大学生。

② 李是雇员，王是老板，而李打了王。

③ 所有的学生都学了"C 语言程序设计"这门课。

（5）请把下列知识用一个语义网络表示出来：

① 树和草都是植物。

② 树和草都有叶和根。

③ 水草是草，且生长在水中。

④ 果树是树，且会结果。

⑤ 苹果树是果树中的一种，它会结苹果。

（6）试述状态空间的搜索策略。

（7）对比广度优先和深度优先的搜索方法，说明为何它们都是盲目搜索方法？

（8）什么是启发式搜索？ 启发式知识的指导作用体现在哪些方面？

（9）请分别用广度优先搜索和深度优先搜索策略求解如下图所示九宫问题，并给出搜索轨迹（Open 表和 Closed 表）和解路径。

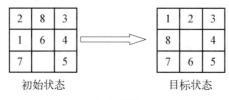

初始状态　　　　　　　目标状态

九宫问题

（10）实验题：请分别用广度优先和深度优先策略实现上述第（4）题中九宫问题的求解（语言自选）。

（11）什么是产生式系统？其基本组成和工作原理分别是怎样的？

（12）对 $N = 5$、$K \leqslant 3$ 时求解传教士和野人问题的产生式系统各组成部分进行描述（给出综合数据库、规则集合的形式化描述，给出初始状态和目标条件的描述），并画出状态空间图。

（13）甲要去参加一项智力竞赛，他听说另外两名对手都很聪明，心中十分担忧。幸好他的一位朋友打听到了竞赛题目，并把应付办法事先告诉了他。竞赛开始，主持人在每个竞赛者头上戴一顶帽子，帽子的颜色有红、白两种，但至少有一顶白帽。题目是说出自己戴的帽子的颜色。戴毕，主持人连问两次，三人面面相觑，无一回答，问第三次时，某甲抢先回答了。试问朋友面授某甲的妙计是什么？用产生式系统回答此问题。

（14）实验题：请编程实现下列传教士和野人问题的求解（语言自选）。

有 3 个传教士和 3 个野人来到河边准备渡河，河岸有一条船，每次至多可供 2 个人乘渡。问传教士为了安全起见，应如何规划摆渡方案，使得在任何时刻，河岸两边以及船上的野人数目总是不超过传教士的数目。即求解传教士和野人从左岸全部摆渡到右岸的过程中，任何时刻满足 M（传教士数）$\geqslant C$（野人数）和 $M + C \leqslant 2$ 的摆渡方案。

（15）将下面的公式化成子句集：

$\neg\left(\left(\left((P \vee \neg Q) \to R\right) \to (P \wedge R)\right)\right)$

（16）利用下面的公理证明 a 成立：

① $a \leftarrow b \wedge C$

② b

③ $C \leftarrow d \wedge e$

④ $e \vee f$

⑤ $d \wedge \neg f$

（17）下列子句是否可以合一？如果可以，写出最一般合一置换

① $P(x, B, B)$ 和 $P(A, y, z)$

② $P(g(f(v)), g(u))$ 和 $P(x, x)$

③ $P(x, f(x))$ 和 $P(y, y)$

④ $P(y, y, B)$ 和 $P(z, x, z)$

（18）用归结法证明一个绿色物体，存在如下条件：

① 如果可以推动的物体是蓝色的，那么不可以推动的物体是绿色的。

② 所有的物体或者是蓝色的,或者是绿色的,但不能同时具有两种颜色。

③ 如果存在一个不能推动的物体,那么所有的可推动的物体是蓝色的。

④ 物体 O_1 是可以推动的。

⑤ 物体 O_2 是不可以推动的。

（19）一个积木世界的状态由下列公式集描述:

Ontable(A)　　　　Clear(E)

Ontable(C)　　　　Clear(D)

On(D, C)　　　　Heavy(D)

On(B, A)　　　　Wooden(B)

Heavy(B)　　　　On(E, B)

绘出这些公式所描述的状态的草图。

下列语句提供了有关这个积木世界的一般知识:

每个大的蓝色积木块是在一个绿色积木块上。

每个重的木制积木块是大的。

所有顶上没有东西的积木块都是蓝色的。

所有木制积木块是蓝色的。

以具有单文字后项的蕴涵式的集合表示这些语句。绘出能求解"哪个积木块是在绿积木块上"这个问题的一致解图(用 B 规则)。

第 3 章　自动规划求解系统

自动规划是一种问题的求解技术。它从某个特定的问题状态出发,寻求一系列行为动作,并建立一个操作序列,直到求得目标状态为止。与一般问题求解相比,自动规划更注重问题求解的过程而不是求解结果。

3.1　规划

3.1.1　规划的概念

规划(Planning)就是制定、实施行动的步骤与决策,它具有两层含义:

(1) 遵循客观规律,确定达到系统目标的方略计划。

(2) 依照一定的技术方法,实施运作步骤,力求取得最佳解操作序列。

[例]　大学生学习日作息规划(见图 3-1)。

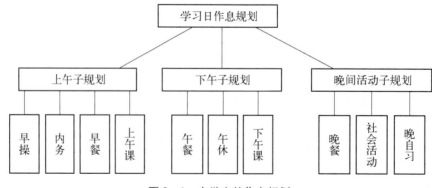

图 3-1　大学生的作息规划

规划的研究途径有:

(1) 研究自动系统及其实现技术。

（2）基于运筹科学方法进行应用数学规划研究。

3.1.2　规划的特性及作用

（1）规划的独立性：每个子规划是相互独立的。

（2）规划局部解的多通性：有多条局部解路径可供选择。

（3）规划的相关性：各子规划是有相互联系的。

（4）规划的环节性：各子规划序列相贯，不可随意颠倒顺序。执行前一子规划所获得的子目标，是正确实施后一子规划的前提条件（见图3-2）。

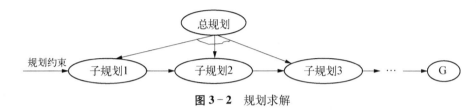

图3-2　规划求解

3.1.3　系统规划求解的方法与途径

把大型复杂系统的规划求解，化为若干复杂度低的子系统、子目标寻优过程的综合作用，这种降低复杂问题求解难度的分析方法，称为分解技术。分解技术是实现规划求解的主要技术手段。

按照采用规划决策的不同思维方式，规划技术可以有许多分解途径：

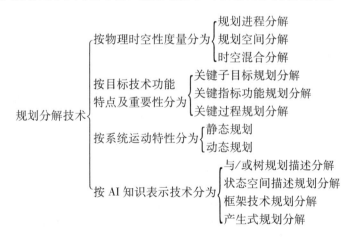

3.1.4　系统规划求解的任务

规划系统有下列任务：

（1）根据最有效的启发信息，选择应用于下一步的最好规则。

（2）应用所选择的规则计算由于应用该规则而生成的新状态。

（3）对所求得的解答进行检验。

（4）检验无法到达目标的端点，以便舍去它们，使系统的求解向着更有效的方向前进。

（5）检验不一定是完全正确的解答，并应用具体的技术使之完全正确。

3.2 机器规划成功性基本原理

3.2.1 概述

实现机器智能的自动规划系统,存在许多非本原问题的因素。机器自动规划问题是现实科技领域中的高难度问题。规划的研究不在于一次性获取成功,而在于从若干次不成功中进行机器归纳学习,使得修订的规划比以前任何一次都更加接近成功。

机器自动规划的重大成果:

(1)在海湾战争中,美军利用计算机规划运送作战物资方案。

(2)1977 年 5 月 IBM 公司"深蓝"计算机战胜国际象棋世界冠军卡斯帕罗夫。

(3)1976 年,美国数学家运用计算机辅助证明的规划思想,完成了"四色定理"的证明。

目前,实现机器智能的自动规划系统还存在很多问题,主要表现在:

(1)技术上存在的问题:

① 如何进行问题总规划的设计?

② 当规划失败时,如何确定失败的环节并进行规划修正?

③ 如何进行机器规划的自学习,如何自动生成规划系统及过程?

(2)机器自动规划全面成功解决后,人类将面临哪些问题? 机器的能力会不会超过人? 如果超过人,人类该怎么办?

(3)学术上的争议:若不能得到人们希望的结果,这将对学术群体的研究带来哪些危害?

3.2.2 总规划的设计与分层规划原理

一般的规划原则是:首先产生一个粗略的规划,然后设法将它细化成若干较简单的基本级规划,依次类推,逐级分层,下级比上一级精细,形成多级分层规划,如图 3-3 所示。

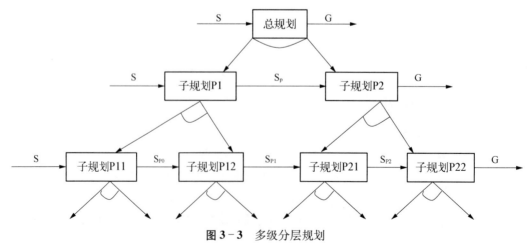

图 3-3 多级分层规划

若某规划的各级子规划均有解,则表明该规划已可解;相反,若高级规划有解,则并不表明其随机划分的低级子规划也一定有解。事实上,按分层规划思想,既然高级规划已可解,就无需对它再进行低级子规划的分解了。

规划成功可解原理为:在多级分层规划中,只要任意找到一条从初态集到目标集的可解路径,则该规划可解,否则无解。

3.2.3　规划问题求解与最优规划原理

1) 规划问题求解

包括解路径和解结果两个方面。

注意:最佳解路径和最佳解结果是相互唯一对应的,知其一就可得到另一个。

若最佳解路径是所有解路径中深度最小的,则对应于操作序列所使用的策略集是最精练的,即数量上是最少的。

2) 最优规划原理

设 D_0 为总规划策略集,S_p 为规划最佳解路径上任一中间节点,D_p 为已使用的策略集,S 为规划的初态集,G 为目标集,则最优规划原理可叙述为:若 D_p 为最优规划策略集,则余下的 $S_p \xrightarrow{D_g} G$ 策略子集 $D_g = (D_0 - D_p)$ 也必是最优的。

证明:

已知 S_p 为规划最佳解路径上任一中间节点,由最优规划策略集取得最小值的前提得:

若 $S \xrightarrow{D_g} S_p$ 已使用的不一定是最优的,则 $S \longrightarrow S_p$ 必定存在一个对应最佳路径的最优策略子集 D'_p,且有 $D'_p \leqslant D_p$

若设 D_g 不一定是最优的,则 $S_p \longrightarrow G$ 也必定存在一个最优策略子集 D_g',于是有

$$D_g' = D_0 - D'_p \geqslant D_0 - D_p$$

而由已知: $D_g = D_0 - D_p \leqslant D_0 - D'_p = D_g'$

得到: $D_g \leqslant D_g'$

这与 Dg 不为最优子集的假设矛盾,故只可能 $D_g = D_g'$ 为 $S_p \xrightarrow{D_g} G$ 对应于最佳解路径的最优策略子集。

3) 条件局部最优问题

D_p 也必定是 $S \longrightarrow S_p$ 的最优策略子集。

在规划求解中,若有些子问题已有成熟解法或已为本原问题,则更有利于加快搜索求解过程。例如:已知用 1 艘船可分别解决 2 传教士与 2 野人或 3 传教士与 3 野人的规划过河问题。若需用 2 艘船解决 4 传教士与 4 野人或 6 传教士与 6 野人的过河问题,就可采用分解规划策略。两船同步行动,则该问题即可利用已有解的本原子问题快速得解。

3.3 机器人规划求解应用举例

[**例**] 积木世界的机器人问题(见图3-4)。

设有个积木世界和一个机器人。积木世界是几个有标记的立方形积木(假定大小一致),它们或者互相堆叠在一起,或者摆在桌面上。机器人有个可移动的机械手,它可以抓起积木块并移动积木从一处至另一处。如何规划机器人的动作序列,使得问题从初始状态到达目标状态?

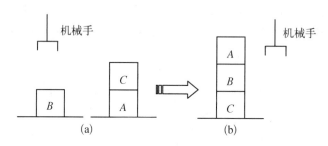

图3-4 积木世界

(a)初始状态 (b)目标状态

机器人问题的状态描述和目标描述可用下列谓词描述:

ON(A, B):积木A在积木B之上。

ONTABLE(A):积木A在桌面上。

CLEAR(A):积木A顶上没有任何东西。

HOLDING(A):机械手正抓住积木A。

HANDEMPTY:机械手为空手。

初始状态为:

CLEAR(B):积木B顶上没有任何东西。

CLEAR(C):积木C顶上没有任何东西。

ON(C, A):积木C在积木A之上。

ONTABLE(A):积木A在桌面上。

ONTABLE(B):积木B在桌面上。

HANDEMPTY:机械手为空手。

目标状态:

ON(B, C) $\wedge$ ON(A, B)

采用正向推理规则(forward chaining)F规则来规划机器人的动作序列,这是SPRIPS(Stanford Research Institute Problem Solver,斯坦福研究所问题求解系统)规划系统的规则。

这个正向推理规则由三部分组成.第一部分是先决条件。这个先决条件公式必须是逻辑上遵循状态描述中事实的谓词演算表达式。在应用规则之间必须确信先决条件是真的。第二部分是一个叫作删除表的谓词。当一条规则被应用于某个状态描述或数据库时,就从该数据库删去删除表的内容。第三部分称为添加表。当把某条规则应用于某数据库时,就把该添加表的内容添进该数据库。

积木世界中 move 这个动作可以表示如下：

move(x, y, z)：把物体 x 从物体 y 上面移到物体 z 上面。

先决条件：CLEAR(x)，CLEAR(z)，ON(x, y)

删除表：ON(x, z)，CLEAR(z)

添加表：ON(x, z)，CLEAR(y)

如果 move 为此机器人仅有的操作符或适用动作，那么可以生成如图 3 - 5 所示的搜索图或搜索树。

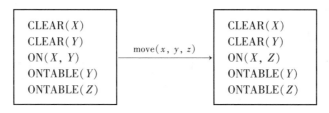

图 3 - 5　表示 move 动作的搜索树

对于积木世界机器人的 4 个动作(操作)可用 SPRIPS 形式表示如下：

1) stcak(X, Y)

先决条件和删除表：HOLDING(X) ∧ CLEAR(Y)

添加表：HANDEMPTY，ON(X, Y)

2) unstack(X, Y)

先决条件：HANDEMPTY ∧ ON(X, Y) ∧ CLEAR(X)

删除表：ON(X, Y)，HANDEMPTY

添加表：HOLDING(X)，CLEAR(Y)

3) pickup(X)

先决条件：ONTABLE(X) ∧ CLEAR(X) ∧ HANDEMPTY

删除表：ONTABLE(X) ∧ HANDEMPTY

添加表：HOLDING(X)

4) putdown(X)

先决条件和删除表：HOLDING(X)

添加表：ONTABLE(X)，HANDEMPTY

图 3 - 6 给出了积木世界的全部状态空间，并用粗线指出了从初始状态 S_0 到目标状态 G 的解答路径。在这个状态空间图中，初始节点没有放在图的顶点上，而且每条规则都有一条逆规则。

沿着粗线所示的线路，从初始状态开始，依次正向地读出连接弧上的 F 规则，得到一个能达到目标状态的动作序列：{unstack(C, A)，putdown(C)，pickup(B)，stcak(B, C)，pickup(A)，stcak(A, B)}

把这个动作序列称为达到这个积木世界机器人问题目标的规划。

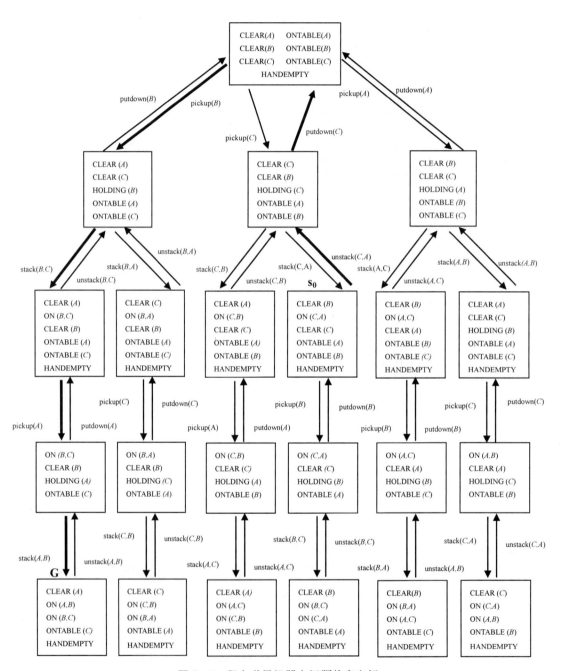

图 3 - 6 积木世界机器人问题状态空间

习题

（1）试述机器规划的含义、意义及规划策略。

（2）用本章讲过的方法解决如图 3-7 所示的机器人垒积木问题，给出所生成的动作规划。

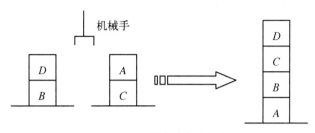

图 3-7　机器人垒积木问题

第 4 章　机器学习

4.1　机器学习的概念

4.1.1　什么是学习

　　学习是人类具有的一种重要智能行为。但究竟什么是学习,目前还没有一个统一的定义。Simon(1983 年)认为学习就是系统中的变化,这种变化使系统比以前更有效地去做同样的工作。Minsky(1985 年)认为学习是我们头脑中进行有用的变化。也有人认为学习是构造或修改对于经验的表示。我们认为:学习是从不知到知的过程,是对经验形成有效重组的过程。

　　一般来说,学习基本形式有知识获取和技能求精。学习的本质就是获取新的知识,包括物理系统、行为的描述和模型的建立,构造客观现实的表示。将新知识组织成为通用化和有效的表达形式。例如科学知识的学习。技能求精指通过教育或实践改进机制和认知能力。这些技能包括意识的或机制的。这种改变是通过反复实践和从失败中纠正错误来进行的。借助观察和实验发现新的事实和新的理论,如学习骑自行车。知识获取的本质是一个自觉的过程,其结果是产生新的符号知识结构和智力模型。而技能求精则是下意识地借助于反复地实践来实现的。

　　人类有能力获取新知识、学习新技巧,并在实践中改进之。学习是智能的重要一环,如果一个人反复犯同样的错误,就不能说他是有智能的。机器学习是研究如何使用机器来模拟人类学习活动的一门学科。它是人工智能研究的重要领域之一,目的是理解学习的本质和建立学习系统。

　　一个真正的智能系统必须具备真正的学习功能。基于这种学习功能,人们可以根据数据和经验等构造一个具有一定智能的系统。该系统可以在这个初始数据库的基础上,通过归纳、推理等方法进一步丰富、完善自己,使自己适应外界环境。

　　未来的计算机将有自动获取知识的能力。它们直接由书本学习,通过与人谈话学习,通过观察环境学习。它们通过实践自我完善,克服人的局限性,例如存储量少、效率低、注意力分散和难以传送所获取的知识。一台计算机获取的知识很容易复制给任何其他机器。人类的这些设想可望在不久的将来变成现实。

4.1.2 机器学习与人类学习的区别

人类的学习过程是漫长的,而且是极其缓慢的。从上小学到研究生毕业要花费 20 年的时间,而且毕业后还要在实际工作中继续学习。不能设想让计算机也用 20 年培养出一个科学家。摆脱这种低速度的学习,也是推动机器学习发展的动力。

人类学习到概念、方法、原理后,不一定能实际完成有关的计算。因为人的计算速度太慢。但是机器学习到有关知识后,就能以相当快的速度完成实际计算。甚至在不太懂原理的情况下,给出算法就能计算。

一个人学到的知识几乎不能完全传授(复制)给其他人。人死后,他掌握的一切也随之消失。知识的传授极其困难。这也是导致学习过程缓慢的原因之一。而机器学到的知识可以任意复制给另一台机器。机器学习是"一次性的"。

4.1.3 机器学习实现的困难

1）预测难

目前的大多数专家系统都是脱离环境的学习,即将人类专家准备好的知识以某种方式传授给机器。尽管如此,机器学习的不可预测性使得中国中医医疗诊断系统难以得到实际应用。如果将机器学习的目的扩展到从环境、工作、人机交互中自动提取、更新知识,那么学习产生的效果就更加不可预测。

2）推理难

现有的归纳推理只保证假,不保证真(演绎推理保真)。而且,归纳的结论是无限多的,其中相当多是假的,给生成的知识带来不可靠性。

演绎推理是从多数现象中总结出结论。例如根据"今天下雨了同时也阴天,昨天下雨了也是阴天"可以演绎出规则:"下雨"→"阴天"。即从一般的现象推出总结性的结论。

归纳推理是从特殊的数个例子中总结出一般的规律,例如燕子会飞→鸟会飞。这比较容易产生错误,比如鸵鸟不会飞,孔雀也不会飞。

演绎与归纳不是矛盾的,各有利弊,两者经常是在一起使用的。归纳的结论有可能是假的,因此,推理过程中要使用很多假设和约定,加上适当的回溯以避免中间过程中的错误。同时,这些也都是人为制定的,因此机器学习中依然存在着不可靠性。

3）判断难

机器目前很难判断什么重要,什么有意义,应该学习什么。如果要使机器能够从实践中提取知识,自动学习,就必须首先要求机器懂得什么是该学的,什么是值得学的。

4.2 机器学习的研究目标

机器学习的研究目标有三个:通用学习算法的理论分析和开发;开发人类学习过程的计算模型(也称认知模型);构造专用学习系统的面向任务研究(也称工程目标)。

4.2.1　通用学习算法

这个方向的研究是理论分析任务和开发用于非实用性学习任务的算法。对算法的类型没有限制。算法不一定类似于人类采用的方法。有些人认为至少学习产生的知识结构应该类似于人类的知识结构,即使学习过程不同。目前正在研究可能的学习算法的理论空间。这一方向的研究有 Winston(1986 年)的"由增加规则和存储检查学习",Utgoff(1986 年)的"改变归纳性概念学习的倾向性",Sammut(1986 年)的"由问问题学习概念"和 Kodratoff(1986 年)的"改进学习中的一般化步骤"。

4.2.2　认知模型

这一方向研究人的学习的计算理论和实验模型。这种研究不仅对人类的教育,而且对开发机器学习系统其有重要的意义。这一方向的研究有 Rosenbloom(1986 年)的目标体系的分块(一种一般的实用模型),Anderson(1986 年)的知识编译(通用学习机理)和 Carbonell(1986 年)的推导类比(重构的问题求解和专业知识获取)。

4.2.3　工程目标

这一方向是要解决专门的实际问题,并开发完成这些任务的工程系统。一个例子是学习识别飞机危险飞行条件的程序。这些问题往往不仅涉及学习,还涉及其他问题,如合理解释输入信号或开发问题专用的数据变换。前面两个方向中的有用的思想都会用于这方面的研究。往往在找到一个特定问题的解以后,把它推广为解决另一类似问题的方法,如 Dietterich(1986 年)的学习预测序列。

4.3　机器学习系统

为了使机器具有某种程度的学习能力,使之通过学习增长知识,改善性能,提高系统的智能水平,需要建立相应的学习系统。

4.3.1　什么是机器学习系统

简单地讲,机器学习系统是能在一定程度上实现机器学习的软件,该系统具有适当的学习环境,具有一定的学习能力,能用所学的知识解决问题,并且能提高系统的性能。

4.3.2　机器学习的基本模型

一种机器学习的模型如图 4-1 所示。

图 4-1　一种机器学习的模型

模型中包含学习系统的四个基本组成环节。环境和知识库是以某种知识表示形式表达的信息的集合,分别代表外界信息来源和系统具有的知识。学习环节和执行环节代表两个过程:学习环节处理环境提供的信息,以便改善知识库中的显式知识;执行环节利用知识库中的知识来完成某种任务,并把执行中获得的信息回送给学习环节。

下面讨论系统中的各个环节。

1)环境

环境可以是系统的工作对象,也可以包括工作对象和外界条件。例如:在医疗系统中,环境就是病人当前的症状、检验的数据和病历;在模式识别中,环境就是待识别的图形或景物;在控制系统中,环境就是受控的设备或生产流程。就环境提供给系统的信息来说,信息的水平和质量对学习系统有很大影响。

信息的水平指信息的一般性程度,也就是适用范围的广泛性。这里的一般性程度是相对执行环节的要求而言的。高水平信息比较抽象,适用于更广泛的问题。低水平信息比较具体,只适用于个别的问题。环境提供的信息水平和执行环节所需的信息水平之间往往有差距,学习环节的任务就是解决水平差距问题。如果环境提供较抽象的高水平信息,学习环节就要补充遗漏的细节,以便执行环节能用于具体情况。如果环境提供较具体的低水平信息,即在特殊情况下执行任务的实例,学习环节就要由此归纳出规则,以便用于完成更广的任务。

信息的质量指正确性、适当的选择和合理的组织。信息质量对学习难度有明显的影响。例如,若施教者向系统提供准确的示教例子,而且提供例子的次序也有利于学习,则容易进行归纳。若示教例子中有干扰,或示例的次序不合理,则难以归纳。

2)知识库

影响学习系统设计的第二个因素是知识库的形式和内容。

知识库的形式就是知识表示的形式。常用的知识表示方法有特征向量、谓词演算、产生式规则、过程、LISP 函数、数字多项式、语义网络和框架。选择知识表示方法要考虑下列准则:可表达性、推理难度、可修改性和可扩充性。下面以特征向量和谓词演算方法为例说明这些准则。

(1)可表达性。特征向量适于描述缺乏内在结构的事物,它以一个固定的特征集合来描述事物。谓词演算则适于描述结构化的事物。

(2)推理难度。一种常用的推理是比较两个描述是否等效。显然判定两个特征向量等效较容易,判定两个谓词表达式等效的代价就较大。

(3)可修改性。特征向量和谓词演算这类显式的表示都容易修改,过程表示等隐式的方法就难以修改。

(4)可扩充性。指学习系统通过增加词典条目和表示结构来扩大表示能力,以便学习更复杂的知识。一个例子是 AM(Lenat,1983 年),它可根据老概念定义新概念。知识库的内容中,初始知识是很重要的。它总要利用初始知识去理解环境提供的信息,以便形成和改进假设。学习系统实质上是对原有知识库的扩充和完善。

3)执行环节

学习环节的目的就是改善执行环节的行为。执行环节的复杂性、反馈和透明度都对学习环节有影响。

复杂的任务需要更多的知识。二分分类是最简单的任务,只需一条规则。如某个玩扑克的程序有约 20 条规则,MYCIN 这类医疗诊断系统使用几百条规则。在实例学习中,可以按任务复杂性分成三类:一是基于单一概念或规则的分类或预测;二是包含多个概念的任务;三是多步执行的任务。

执行环节给学习环节的反馈也很重要。学习系统都要用某种方法去评价学习环节推荐的假设。一种方法是用独立的知识库作这种评价。如 AM 程序用一些启发式规则评价学到的新概念的重要性。另一种方法是以环境作为客观的执行标准,系统判定执行环节是否按预期标准工作,由此反馈信息评价当时的假设。

若执行环节有较好的透明度,学习环节就容易追踪执行环节的行为。例如,在学习下棋时,如果执行环节把考虑过的所有走法都提供给学习环节,而不是仅仅提供实际采用的走法,系统就较容易分析合理的走法。

4.4　机器学习的分类

按学习策略分类,机器学习可以分为:

1)机械式学习(记忆学习)

这种学习方法不需要进行任何推理或知识转换,将知识直接输入机器中,也就是将专家知识总结成规则,用计算机语言加以描述、实现。有多少写入多少,系统本身没有学习过程,对知识只使用而不做任何修改。

2)根据示教学习(传授学习、指点学习)

从老师或其他有结构的事物获取知识。要求系统在原有知识结构的基础上将输入的新知识转换成它本身的内部表示形式。并把新的信息和它原有的知识有机地结合为一体。系统初始知识结构可以以机械式学习方式得到,也可以通过其他学习方式得到。

3)通过类推学习(演绎学习)

系统找出现有知识中与所要产生的新概念或技能十分类似的部分,将它们转换或扩大成适合新情况的形式,从而取得新的事实或技能。该种学习方法是大量知识的总结、推广。

4)从例子中学习(归纳学习)

给学习者提供某一概念的一组正例和反例,学习者归纳出一个总的概念描述,使它适合于所有的正例且排除所有的反例。基于实例的学习方法是目前研究较多的方法之一。本课程将对该类方法作比较深入的讨论。

5)类比学习

类比学习是演绎学习与归纳学习的组合。类比学习过程中匹配不同论域的描述、确定公共的结构,以此作为类比映射的基础。寻找公共子结构是归纳推理,而实现类比映射是演绎推理。

按照实现途径分类,机器学习可以分为:

1)符号学习

符号学习就是基于符号处理的学习方法,包括机械学习、指导学习、解释学习、类比学习、示例学习、发现学习等。

符号处理技术：基于符号演算的知识推理和知识学习技术。只有将人类能够理解的知识，用计算机能够理解的符号表示出来，才能够将知识传授给机器，才能够有智能系统的存在。因此，可以说符号处理是传统人工智能研究的根基，是知识工程的最基础技术之一。这一领域一直是人工智能的主要研究领域。

2）连接学习

连接学习也就是神经网络学习，是基于生物神经网络理论的机器学习方法。

神经网络技术：主要研究各种神经网络模型及其学习算法，这一领域是当前人工智能研究的一个十分活跃，且很有前途的分支领域。

将机器学习分为符号学习和连结学习的主要原因是，前者是建立在符号理论基础上的，它成立的前提是要有大量的知识，而这些知识是人类专家总结出来的，至少解释这些知识的各种"事实"以及对事实的解释"规则"是专家总结归纳的。由于必须有人的参与，所以对于知识的可理解性、可读性非常重视。而所谓联结主义的神经网络则是强调大量的事实，以及对这些事实的反复观察。某种情况下需要人对事实的分类与标注，但是不需要人的解释。学习所形成的知识结构是人所难以理解的。系统本身对于使用的人来说就像是一个变魔术的黑盒子，根据输入给出输出，答案正确但不知道是怎么算出来的。神经网络的有关内容请参考第 8 章《神经网络》。

4.5 实例学习

4.5.1 概述

实例学习也称示例学习，是目前机器学习方法中最成熟的方法之一，是归纳学习的一类。环境提供给系统一些特殊的实例，这些实例事先由施教者划分为正例和反例。实例学习系统由此进行归纳推理，得到一般的规则。环境提供给学习环节的正例和反例是低水平的信息，这是在特殊情况下执行环节的行为。通过学习环节归纳出的规则是高水平的信息，可以在一般情况下用这些规则指导执行环节的工作。

例如，教给一个程序"狗"的概念，提供给程序各种动物和各种其他物体，说明每个物体的特点，并说明它们不是狗。这些是狗的正例和反例。程序由此推出根据物体特征识别狗的规则。又如，教给一个程序下棋的方法，可以提供给程序一些具体棋局及相应的正确走法和错误走法。程序总结这些具体走法，发现一般的下棋策略。

4.5.2 实例学习的两个空间模型

实例学习不仅可以学习概念，也可获得规则。这样的实例学习一般是通过所谓的实例空间和规则空间的相互转化来实现的。实例空间是所有示教例子的集合，而规则空间是所有规则的集合。学习结束之前，这些规则称为假设规则。反过来，这些规则又需要进一步用实例空间的实例来检验，同时也需要运用实例空间中的实例所提供的启发式信息来引导对规则空间的搜索。所以，实例学习可以看作是实例空间和规则空间相互作用的过程。

实例学习应在规则空间中搜索、匹配所求的规则，并在实例空间中选择一些示教例子，以便解决规则空间中某些规则的歧义性。系统就是这样在实例空间和规则空间中交替进行搜索,直到找到所要求的规则。

两者的关系模型如图4-2所示。

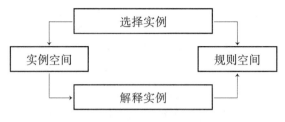

图4-2 实例学习的两个空间模型

执行时,首先由示教者给实例空间提供一些初始示教例子。由于示教例子的形式往往不同于规则的形式,程序必须对示教例子进行解释,然后再利用被解释的示教例子去搜索规则空间。一般情况下,不能一次就从规则空间中搜索到要求的规则,因此还要寻找一些新的示教例子,这个过程就是选择示教例子。解释实例和选择实例这两个过程如此循环,直到搜索到要求的规则。

1)实例空间

有关实例空间的第一个问题是示教例子的质量,第二个问题是实例空间的搜索方法。

(1)示教例子的质量。高质量的示教例子是无二义性的,它可以对搜索规则空间提供可靠的指导。低质量的示教例子会引起互相矛盾的解释,因此只能对规则空间的搜索提供试探性的指导。

(2)例子空间的搜索方法。搜索例子空间的目的一般是选择适当的例子,以便证实或否决规则空间中假设规则的集合。第一种方法是选择对划分规则空间最有利的例子,以便很快缩小在规则空间的搜索范围;第二种方法是在假设规则集中选择最有希望的假设,再选择适当的示教例子证实它;第三种方法称为"基于期望的过滤",它选择示教例子的目的是否决假设规则集中的某个假设规则,于是学习系统只注意与假设矛盾的例子;第四种方法选择示教例子的要求是使计算量最小。

2)解释实例

解释示教例子的目的是从例子中提取出用于搜索规则空间的信息,也就是把示教例子变换成易于进行符号归纳的形式。有时这个变换过程是很困难的。

3)规则空间

定义规则空间就是规定表示规则的各种算符和术语,也就是说,规定的描述语言可以表示的所有规则的集合是规则空间。与规则空间有关的两个问题是对规则空间的要求和规则空间的搜索方法。

(1)实例学习对规则空间的要求:

① 规则的表示与实例的表示一致。如果示教例子和规则的表示形式相差很大,那么解释例子和选择例子的过程就很复杂。因此,最好采用相同的形式来表示规则和示教例子。

② 规则的表示形式应适应归纳推理。规则空间的表示方法应该支持归纳推理,常用的归纳方法有:把常量变成变量,省略条件,增加选择项,曲线拟合等。

③ 规则空间中应能够包含所有可能产生的规则。在有些实例学习的问题中,初始化

时,所要求的规则并不一定全都包含在规则空间中,即规则空间的描述语言不一定能够表示全部要求的规则。解决的办法是引入新的术语,扩充规则空间的描述语言,使之能够适应所有的规则。

(2)搜索规则空间的方法:下面介绍搜索规则空间的四种方法。这些方法都具有一个假设规则的集合 H。各种方法的区别在于怎样改进假设规则集 H,以便得到要求的规则。

① 变型空间方法。变型空间方法是一种数据驱动方法。这种方法使用统一的形式表示规则和例子。初始的假设规则集 H 包括满足第一个示教正例的所有规则。在得到下一个示教例子时,对集合 H 进行一般化或特殊化处理。最后使集合 H 收敛为只含要求的规则。

② 改进假设方法。改进假设方法也是一种数据驱动方法。这种方法表示规则和例子的形式不统一。程序根据例子选择一种操作,用该操作去改进假设规则集 H 中的规则。

③ 产生与测试方法。产生与测试方法是一种模型驱动方法。这种方法针对示教例子反复产生和测试假设的规则。在产生假设的规则时,使用基于模型的知识,以便只产生可能合理的假设。

④ 方案示例方法。方案示例方法也是一种模型驱动方法。它使用规则方案的集合来限制可能合理的规则的形式。最符合示教例子的规则方案被认为是最合理的规则。

数据驱动方法的优点是可以逐步接受示教例子,逐步学习。特别是变型空间方法,它很容易修改集合 H,不要求程序回溯就可以考虑新的例子。反之,模型驱动方法难以进行逐步学习。它通过检查全部例子来测试和放弃假设。在使用新例子时,它必须回溯或重新搜索规则空间,因为原来对假设的测试已不适用于新例子加入后的情况。

模型驱动方法的优点是抗干扰性较好。由于使用整个例子集合,程序就可以对假设进行统计测量。在用错误例子测试假设时,它不因一两个错误例子而放弃正确的假设。反之,数据驱动方法用当前的例子去修改集合 H,因此一个错误例子就会造成集合 H 的混乱。解决方法是每次用新例子修改集合 H 时只作较小的修改。这可以减小错误例子的影响,当然也使学习过程变慢了。

4)实例选择

学习环节根据一批示教例子来搜索规则空间,由此产生出可能合理的假设规则的集合 H。此后,系统需要获取新的例子来检验和改进集合 H。实例选择这一步的任务就是确定需要哪些新的例子和怎样得到这些例子。

4.5.3　实例学习示例

下面使用 Winston(1975 年)提出的结构化概念学习程序的例子作为模型来说明实例学习的过程。

Winston 的程序是在简单的积木世界领域中进行操作,其目的是建立积木世界中物体概念定义的结构化表示,例如学习房子、帐篷和拱桥的概念,构造出这些概念定义的结构化描述。

系统的输入是积木世界某物体(或景象)的线条图,使用语义网络来表示该物体结构化的描述。例如,系统要学习拱桥的概念,就给学习程序输入第一个拱桥示例,得到的描述如图 4-3(a)所示,这个结构化的描述就是拱桥概念的定义。接着再向程序输入第二个拱桥示例,其描述如图 4-3(b)所示。这时学习程序可归纳出如图 4-3(c)所示的描述。

假定下一步向程序输入一个拱桥概念的近似样品,并告知程序这不是拱桥(即拱桥的反例),则比较程序会发现当前的定义描述[见图 4 - 3(c)]与近似样品的描述只是在 B 和 D 节点之间,"不接触"的链接弧有区别。由于近似样品不是拱桥,不是推广当前定义描述去概括它,而是要限制该定义描述适用的范围,因而就要把"不接触"链接修改为"必须不接触"。这时拱桥概念的描述如图 4 - 3(d)所示,这就是机器最后学习得到的拱桥概念。

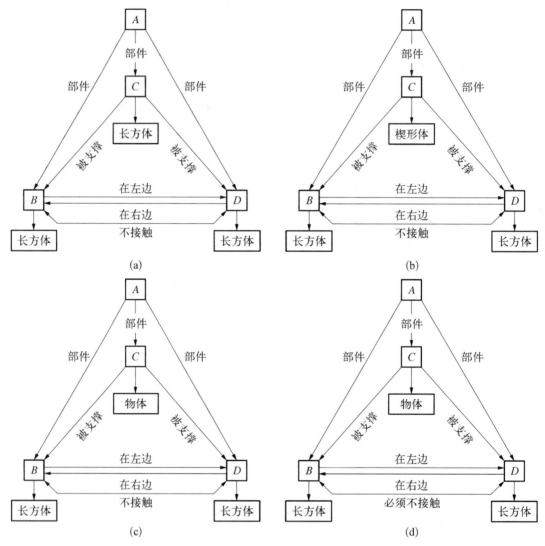

图 4 - 3   拱桥概念的归纳学习过程

本章只对机器学习作了一个简单的介绍。机器学习的研究在过去 10 年中取得了较大的发展,越来越多的研究者加入了机器学习研究行列。现在已经建立起许多机器学习的理论和技术。除了本章介绍的学习方法,还有纠错学习、遗传学习以及训练感受器的学习和训练近似网络的学习等。

随着机器学习的不断深入开展和计算机技术的进步,已经设计出不少具有优良性能的机器学习系统,并投入实际应用。这些应用领域涉及图像处理、模式识别、机器人动力学与控制、自动控制、自然语言处理、语音识别、信号处理和专家系统等。与此同时,各种改进型学习算法得以开发,显著改善了机器学习网络和系统的性能。

今后,机器学习将在理论概念、计算机理、综合技术和推广应用等方面开展新的研究。其中,对结构模型、计算理论、算法和混合学习的开发尤为重要。在这些方面,有许多事情要做,有许多新问题需要人们去解决。

习题

（1）什么是机器学习？为什么要研究机器学习？

（2）说明机器学习系统的基本结构,并说明各部分的作用。

（3）实例学习有几个环节构成？各有什么作用？

第 5 章　自然语言处理技术

语言是用于传递信息的表示方法、约定和规则的集合,是音义结合的词汇和语法体系,语音和文字是构成语言的两个基本属性。自然语言是区别于形式语言或人工语言的人际交流的口头语言和书面语言。自然语言处理是研究用计算机处理人类语言文字的学科,其研究目标是用计算机实现对自然语言形态的文字及信息的处理,是一门涉及计算机科学、语言学、数学、认知科学、逻辑学、心理学等学科的交叉学科。自然语言处理宏观上指机器能够执行人类所期望的某些语言功能,微观上指从自然语言到机器内部之间的一种映射。自然语言处理也称为计算语言学。

5.1　自然语言处理概述

由于来自互联网产业和传统产业信息化的各种应用需求的推动,更多的研究人员和更多的经费支持进入了自然语言处理领域,有力地促进了自然语言处理技术和应用的发展。语言数据的不断增长、可用的语言资源的持续增加、语言资源加工能力的稳步提高,为研究人员提供了发展更多语言处理技术、开发更多应用、进行更丰富评测的平台。近年来深度学习技术的飞速发展,刺激了对新的自然语言处理技术的探索。同时,来自其他相近学科背景、来自工业界的人员的不断加入,也为自然语言处理技术的发展带来了一些新思路。计算和存储设备的飞速发展,提供了越来越强大的计算和存储能力,使得研究人员有可能构建更为复杂精巧的计算模型,处理更为大规模的真实语言数据。

自然语言处理研究内容不仅包括词法分析、句法分析,还涵盖了语音识别、机器翻译、自动问答、文本摘要等应用和社交网络中的数据挖掘、知识理解等。自然语言处理的终极问题是分析出"处理"一门自然语言的过程。近年来,随着自然语言处理技术的迅速发展,出现了一批基于自然语言处理技术的应用系统。例如,IBM 的 Watson 在电视问答节目中战胜人类冠军,苹果公司的 Siri 个人助理被大众广为测试,谷歌、微软、百度等公司纷纷发布个人智能助理,科大讯飞牵头研发高考机器人等,自然语言处理渗透到了互联网生活的各方面。

5.1.1 汉语信息处理技术方面的进展

汉语语言文字信息处理包括汉字信息处理和汉语信息处理,是自然语言处理的一个重要组成部分。汉字信息处理主要指以汉字为处理对象的相关技术,包括汉字字符集的确定、编码、字形描述与生成、存储、输入、输出、编辑、排版以及字频统计和汉字属性库构造等等。在汉字信息处理中,有两个问题最引人注目,是汉字的输入问题,二是汉字的排版、印刷问题。速记专家唐亚伟先生发明的亚伟中文速录机,实现了由手写速记跨越到机械速记的历史性突破,2005 年 92 岁高龄的唐亚伟获得我国中文信息处理领域的最高科学技术奖——钱伟长中文信息处理科学技术奖一等奖。以北京大学王选院士为代表的从事汉字照排和印刷技术研究的老一代专家,在解决巨量汉字字形信息存储和输出等问题中做出了卓越贡献。1981 年,第一台汉字激光照排系统“原理性样机”通过鉴定,1985 年,激光照排系统在新华社正式运行。

汉语切分是汉语信息处理的基础,大多数其他汉语信息处理技术和应用都会在汉语切分的基础上进行,因此汉语切分是汉语语言信息处理技术中开展得最早的研究主题之一。不同于英语,汉语是以字串的形式出现,词与词之间没有空格,自动识别字串中的词即为汉语切分。不仅仅是在国内、在国际上也有很多学者加入到这个主题的研究中。国际上最有影响的计算语言学联合会 ACL(Association of Computational Linguistics)下设的特殊兴趣小组 SIGHAN(Special Interest Group of HAN)从 2003 年开始组织汉语切分技术的国际评测,一直持续到现在。

以冯志伟教授等为代表的计算语言学学者早期在机器翻译研究方面做了大量的工作,并总结出不少宝贵的经验和方法,为后来的计算语言学研究奠定了基础。清华大学的黄昌宁教授领导的计算语言学研究实验室,主要从事基于语料库的汉语理解。近年来,在自动分词、自动建造知识库、自动生成句法规则、自动统计字、词、短语的使用及关联频率方面做了大量的工作并发表了不少极具参考价值的论文。东北大学的姚天顺教授和哈尔滨工业大学的王开铸教授等在计算语言学的语篇理解方面(特别在结合语义方面)的研究进行了有价值的尝试并取得了一定的成绩。中国科学院的黄曾阳先生在进行自然语言理解研究中,经历了长达 8 年的探索和总结,在语义表达方面归纳出一套具有自己特色的理论,提出了 HNC(Hierarchical Network of Concept)概念层次网络理论。它是面向整个自然语言理解的理论框架。这个理论框架是以语义表达为基础,并以一种概念化、层次化和网络化的形式来实现对知识的表达,这一理论的提出为语义处理开辟了一条新路。

5.1.2 少数民族语言文字信息处理技术方面的进展

我国少数民族语言文字(简称“民族语言文字”)信息化工作始于 20 世纪 80 年代,三十年多来我国民族语言文字信息处理技术取得了巨大成就,先后有多种少数民族语言文字实现了信息化处理。民族语言文字软件技术的开发和推广应用,对少数民族和民族地区经济发展、社会进步和文化传承起到了积极作用。当前民族语言文字信息化主要涉及蒙古、藏、维吾尔、哈萨克、柯尔克孜、朝鲜、彝、傣、纳西东巴等民族语言文字,已制定多种传统通用民族文字编码字符集、字型、键盘国家标准和国际标准;开发了多种支持民族文字处理的系统软件和应用软件;多种民族文字电子出版系统、办公自动化系统投入使用;各类民族文化资源数据库、民族文字网站陆续建成;民族语言文字的识别、民族语言机器翻译等也有一定进展。通过收集整理各民族文字建立的"中华大字符集",为收集、整理、保存和抢救我国民族文化遗产工程打下了基础[1],主要取得了以下四个方面的成果。

(1) 民族文字信息化平台建设

① 制定了信息处理交换用蒙古文七位和八位编码图形字符集(这是我国第一个少数民族文字编码字符集),信息交换用藏文编码字符集(这是我国第一个少数民族文字国际标准),蒙古文、八思巴文、维吾尔文、哈萨克文、柯尔克孜文、锡伯文编码字符集,藏文大字符集,信息交换用朝鲜文、彝文、德宏傣文、西双版纳新傣文、西双版纳老傣文、老傈僳文和纳西东巴文编码字符集。

② 制定了信息交换用蒙古、藏文、维吾尔文、哈萨克文、柯尔克孜文、锡伯文、满文、彝文、德宏傣文、西双版纳新傣文、西双版纳老傣文、老傈僳文和纳西东巴文键盘布局标准和常用字体的字型标准,制作了丰富多彩的民族文字库。以现有的中文平台为基础,开发符合国际化和本地化标准的支持蒙古、藏、维吾尔(包括哈萨克、柯尔克孜)、彝、傣等民族语言文字的通用系统平台。

(2) 民族语言文字资源库建设

主要有现代蒙古语语料库,蒙古语语言知识库,藏语语料库,藏、维、彝民语语音参数数据库,现代藏语语法信息词典数据库,汉藏语系语言词汇语音数据库,中国朝鲜语语料库,云南少数民族语言文字资源库等。

(3) 民族语言文字网站建设

建立了蒙古文网站,使得蒙古语言文字在网络上得到广泛应用;西藏民语委在教育部语言文字信息管理司的支持下,建设了藏汉双语网站,在宣传党和国家方针政策、反对西藏独立方面发挥了积极作用。2011 年 8 月 20 日,由国家文化部投资 200 多万元完成的国家文化共享工程西藏分中心暨西藏图书馆汉藏双语版网站正式开通,标志着文化共享工程西藏分中心的信息化水平及服务能力得到极大提升;新疆维吾尔自治区公众信息网、天山网、新疆语言文字网等政府网站率先实现维吾尔文上网;朝鲜文、彝文网站也已相继出现。

(4) 民族语言文字软件研发和应用

① 蒙古文在 20 世纪 80 年代就实现了计算机的输入、输出,研发了一系列字词处理软件、电子排版印刷软件,开发了多种文字系统、词类自动标注系统、传统蒙古文图书管理系统、蒙医诊查系统、电视节目排版系统等二十多种管理系统。2000 年研发的达日罕汉蒙机器翻译系统开辟了蒙古语机器翻译研究的先河。

② 开发了基于 Linux 的藏文操作系统、藏文输入系统、藏文办公套件、Windows 平台藏文浏览器及网页制作工具、藏文电子出版系统、藏文政府办公系统、藏文软件标准性检测系统、全面支持藏文的 Windows Vista 操作系统、藏文无线通信系统等。

③ 20 世纪 90 年代以来,研发了多种维吾尔、哈萨克、柯尔克孜、锡伯文操作系统和应用软件,实现了上述各文种的电子出版,开发了多种支持民族文字处理的系统软件和应用软件。主要有:Windows 系列的维吾尔、哈萨克、柯尔克孜文系统,维吾尔、哈萨克、柯尔克孜文广播文稿系统,基于 Windows98/2000/XP 的维吾尔、哈萨克、柯尔克孜文输入法及各种专业类软件,基于 ISO10646 的维吾尔、哈萨克、柯尔克孜文电子出版系统等。

④ 开发了朝鲜文操作系统,开发了朝、汉文字幕系统和电子出版系统及机器翻译系统,

朝、汉、英语音兼容处理系统,朝文文字识别系统等。

⑤ 开发了基于 ISO 10646 的傣文电子出版系统、傣文输入法软件、傣文书刊、报刊、公文排版软件等;已有十多种彝文信息处理系统问世;1992 年"北大方正壮文排版系统"开发成功。

近年来,民族语言文字信息化被广泛应用在日常通讯中。2004 年我国第一款民文手机——维吾尔文手机问世,2007 年中国移动内蒙古公司推出了蒙古文手机。

5.1.3　自然语言处理的研究领域和方向

自然语言处理包括自然语言理解和自然语言生成两个方面。自然语言理解系统把自然语言转化为计算机程序更易于处理和理解的形式。自然语言生成系统则把与自然语言有关的计算机数据转化为自然语言。自然语言处理与自然语言理解的研究内容大致相当,自然语言生成往往与机器翻译等同,设计文本翻译和语音翻译。按照应用领域不同,介绍自然语言处理的几个主要研究方向。

（1）文字识别

文字识别（optical character recognition,OCR）借助计算机系统自动识别印刷体或者手写体文字,把它们转换为可供计算机处理的电子文本。对于文字的识别,主要研究字符的图像识别,而对于高性能的文字识别系统,往往需要同时研究语言理解技术。

（2）语音识别

语音识别（speech recognition）也称为自动语音识别（automatic speech recognition,ASR）,目标是将人类语音中的词汇内容转换为计算机刻度的书面语表示。语音识别技术的应用包括语音拨号、语音导航、室内设备控制、语音文档检索、简单的听写数据录入等。

（3）机器翻译

机器翻译（machine translation）研究借助计算机程序把文字或演讲从一种自然语言自动翻译成另一种自然语言,即把一个自然语言的字词变换为另一个自然语言的字词,使用语料库技术可实现更加复杂的自动翻译。

（4）自动文摘

自动文摘（automatic summarization 或 automatic abstracting）是应用计算机对指定的文章做摘要的过程,即把原文档的主要内容和含义自动归纳,提炼并形成摘要或缩写。常用的自动文摘是机械文摘,根据文章的外在特征提取能够表达该问中心思想的部分原文句子,并把它们组成连贯的摘要。

（5）句法分析

句法分析（syntax parsing）又称自然语言文法分析（parsing in natural language）。它运用自然语言的句法和其他相关知识来确定组成输入句各成分的功能,以建立一种数据结构并用于获取输入句意义的技术。

（6）文本分类

文本分类（text categorization/document classification）有称为文档分类,是在给定的分类系统和分类标准下,根据文本内容利用计算机自动判别文本类别,实现文本自动归类的过程,包括学习和分类两个过程。

（7）信息检索

信息检索（information retrieval）又称情报检索,是利用计算机系统从海量文档中查找用户需要的相关文档的查询方法和查询过程。

（8）信息获取

信息获取（information extraction）主要是指利用计算机从大量的结构化或半结构化的文本中自动抽取特定的一类信息，并使其形成结构化数据，填入数据库供用户查询使用的过程，目标是允许计算费结构化的资料。

（9）信息过滤

信息过滤（information filtering）是指应用计算机系统自动识别和过滤那些满足特定条件的文档信息。一般指根据某些特定要求，对网络有害信息的自动识别，过滤和删除互联网某些敏感信息的过程，主要用于信息安全和防护等。

（10）自然语言生成

自然语言生成（natural language generation）是指将句法或语义信息的内部表示，转换为自然语言符号组成的符号串的过程，是一种从深层结构到表层结构的转换技术，是自然语言理解的逆过程。

（11）中文自动分词

中文自动分词（China word segmentation）是指使用计算机自动对中文文本进行词语的切分。中文自动分词是中文自然语言处理中一个最基本的环节。

（12）语音合成

语音合成（speech synthesis）又称为文语转换（text-to-speech conversion），是将书面文本自动转换成对应的语音表征。

（13）问答系统

问答系统（question answering system）是借助计算机系统对人提出问题的理解，通过自动推理等方法，在相关知识资源中自动求解答案，并对问题作出相应的回答。回答技术与语音技术、多模态输入输出技术、人机交互技术相结合，构成人机对话系统。

此外，自然语言处理的研究方向还有语言教学、词性标注、自动校对及讲话者识别、辨识、验证等。

5.2 自然语言理解

语言被表示成一连串的文字符号或者一串声流，其内部是一个层次化的结构。一个文字表达的句子是由词素→词或词形→词组或句子，用声音表达的句子则是由音素→音节→音词→音句，其中的每个层次都收到文法规则的约束，因此语言的处理过程也应当是一个层次化的过程。

语言学是以人类语言为研究对象的学科。它的探索范围包括语言的结构、语言的运用、语言的社会功能和历史发展，以及其他与语言有关的问题。自然语言理解不仅需要有语言学方面的知识，而且需要有与所理解话题相关的背景知识，必须很好地结合这两方面的知识，才能建立有效的自然语言理解。自然语言理解的研究可以分为三个时期：20 世纪 40～50 年代的萌芽时期，20 世纪 60～70 年代的发展时期和 20 世纪 80 年代以后走向实用化、大规模进行真实文本处理的时期。

5.2.1　自然语言分析的层次

语言学家定义了自然语言分析的不同层次。

（1）韵律学（prosody）处理语言的节奏和语调。这一层次的分析很难形式化，经常被省略；然而，其重要性在诗歌中是很明显的，就如同节奏在儿童记单词和婴儿牙牙学语中所具有的作用一样。

（2）音韵学（phonology）处理的是形成语言的声音。语言学的这一分支对于计算机语音识别和生成很重要。

（3）词态学（morphology）涉及组成单词的成分（词素）。包括控制单词构成的规律，如前缀（un-，non-，anti-等）的作用和改变词根含义的后缀（-ing，-ly 等）。词态分析对于确定单词在句子中的作用很重要，包括时态、数量和部分语音。

（4）语法（syntax）研究将单词组合成合法的短语和句子的规律，并运用这些规律解析和生成句子。这是语言学分析中形式化最好因而自动化最成功的部分。

（5）语义学（semantics）考虑单词、短语和句子的意思以及自然语言表示中传达意思的方法。

（6）语用学（pragmatics）研究使用语言的方法和对听众造成的效果。例如，语用学能够指出为什么通常用"知道"来回答"你知道几点了吗？"是不合适的。

（7）世界知识（world knowledge）包括自然世界、人类社会交互世界的知识以及交流中目标和意图的作用。这些通用的背景知识对于理解文字或对话的完整含义是必不可少的。

语言是一个复杂的现象，包括各种处理，如声音或印刷字母的识别、语法解析、高层语义推论，甚至通过节奏和音调传达的情感内容。

虽然这些分析层次看上去是自然而然的而且符合心理学的规律，但是它们在某种程度上是强加在语言上的人工划分。它们之间广泛交互，即使很低层的语调和节奏变化也会对说话的意思产生影响，例如讽刺的使用。这种交互在语法和语义的关系中体现得非常明显，虽然沿着这些界线进行某些划分似乎很有必要，但是确切的分界线很难定义。例如，像"They are eating apples"这样的句子有多种解析，只有注意上下文的意思才能决定。语法也会影响语义。虽然我们经常讨论语法和语义之间的精确区别，但对心理学的证据和它在管理问题复杂性中的作用只会有保留地予以探讨。

自然语言理解程序通常将原句子的含义翻译成一种内部表示。包括如下 3 个阶段。

第 1 个阶段是解析，分析句子的句法结构。解析的任务在于既验证句子在句法上的合理构成，又决定语言的结构。通过识别主要的语言关系，如主—谓、动—宾和名词—修饰，解析器可以为语义解释提供一个框架。我们通常用解析树来表示它。解析器运用的是语言中语法、词态和部分语义的知识。

第 2 个阶段是语义解释，旨在对文本的含义生成一种表示，如概念图。其他一些通用的表示方法包括概念依赖、框架和基于逻辑的表示法等。语义解释使用如名词的格或动词的及物性等关于单词含义和语言结构的知识。

第 3 个阶段要完成的任务是将知识库中的结构添加到句子的内部表示中，以生成句子含义的扩充表示。这样产生的结构表达了自然语言文字的意思，可以被系统用来进行后续处理。

5.2.2　自然语言理解的层次

自然语言理解中至少有三个主要问题。第一,需要具备大程序量的人类知识。语言动作描述的是复杂世界中的关系,关于这些关系的知识必须是理解系统的一部分。第二,语言是基于模式的:音素构成单词,单词组成短语和句子。音素、单词和句子的顺序不是随机的,没有对这些元素的规范使用,就不可能达成交流。最后,语言动作是主体(agent)的产物,主体或者是人或者是计算机。主体处在个体层面和社会层面的复杂环境中,语言动作都是有其目的的。

从微观上讲,自然语言理解是指从自然语言到机器内部的映射;从宏观上看,自然语言是指机器能够执行人类所期望的某些语言功能。这些功能主要包括如下几方面。

① 回答问题:计算机能正确地回答用自然语言输入的有关问题。

② 文摘生成:机器能产生输入文本的摘要。

③ 释义:机器能用不同的词语和句型来复述输入的自然语言信息。

④ 翻译:机器能把一种语言翻译成另外一种语言。

许多语言学家将自然语言理解分为五个层次:语音分析、词法分析、句法分析、语义分析和语用分析。

（1）语音分析

语音分析就是根据音位规则,从语音流中区分出一个个独立的音素,再根据音位形态规则找出一个个音节及其对应的词素或词。

（2）词法分析

词法指词位的构成和变化的规则,主要研究词自身的结构与性质。词法分析的主要目的是找出词汇的各个词素,从中获得语言学信息。

（3）句法分析

句法是指组词成句的规则,描述句子的结构,词之间的依赖关系。句法是语言在长期发展过程中形成的,全体成员必须共同遵守的规则。句法分析是对句子和短语的结构进行分析,找出词、短语等的相互关系及各自在句子中的作用等,并以一种层次结构加以表达。层次结构可以是反映从属关系、直接成分关系,也可以是语法功能关系。自动句法分析的方法主要有短语结构文法、格文法、扩充转移网络、功能文法等。

（4）语义分析

语义分析就是通过分析找出词义、结构意义及其结合意义,从而确定语言所表达的真正含义或概念。

（5）语用分析

语用就是研究语言所存在的外界环境对语言使用所产生的影响。它描述语言的环境知识,语言与语言使用者在某个给定语言环境中的关系。关注语用信息的自然语言处理系统更侧重于讲话者/听话者模型的设定,而不是处理嵌入到给定话语中的结构信息。学者们提出了多钟语言环境的计算模型,描述讲话者和他的通信目的,听话者和他对说话者信息的重组方式。构建这些模型的难点在于如何把自然语言处理的不同方面以及各种不确定的生理、心理、社会及文化等背景因素集中到一个完整连贯的模型中。

5.3　词法分析

词法分析是理解单词的基础,其主要目的是从句子中切分出单词,找出词汇的各个词素,从中获得单词的语言学信息并确定单词的词义,如 unchangeable 是由 un-change-able 构成的,其词义由这三个部分构成。不同的语言对词法分析有不同的要求,例如,英语和汉语就有较大的差距。在英语等语言中,因为单词之间是以空格自然分开的,切分一个单词很容易,所以找出句子的一个个词汇就很方便。但是由于英语单词有词性、数、时态、派生及变形等变化,要找出各个词素就复杂得多,需要对词尾或词头进行分析。如 importable,它可以是 im-port-able 或 import-able,这是因为 im、port、able 这三个都是词素。

词法分析可以从词素中获得许多有用的语言学信息。如英语中构成词尾的词素"s"通常表示名词复数或动词第三人称单数,"ly"通常是副词的后缀,而"ed"通常是动词的过去分词等,这些信息对于句法分析也是非常有用的。一个词可有许多种派生、变形,如 work,可变化出 works、worked、working、worker、workable 等。这些派生的、变形的词,如果全放入词典将是非常庞大的,而它们的词根只有一个。自然语言理解系统中的电子词典一般只放词根,并支持词素分析,这样可以大大压缩电子词典的规模。

下面是一个英语词法分析的算法,它可以对那些按英语语法规则变化的英语单词进行分析:

repeat

　　look for study in dictionary

　　if not found

　　then modify the study

Until study is found no further modificatiob possidle

其中"study"是一个变量,初始值就是当前的单词。

例如,对于单词 matches、ladies 可以做如下分析。

matches	studies	词典中查不到
matche	studie	修改 1：去掉"-s"
match	studi	修改 2：去掉"-e"
	study	修改 3：把"i"变成"y"

在修改 2 的时候,就可以找到"match",在修改 3 的时候就可以找到"study"。

英语词法分析的难度在于词义判断,因为单词往往有多种解释,仅仅依靠查词典常常无法判断。例如,对于单词"diamond"有三种解释:菱形,边长均相等的四边形;棒球场;钻石。要判定单词的词义只能依靠对句子中其他相关单词和词组的分析。例如句子"John saw Slisan's diamond shining from across the room."中"diamond"的词义必定是钻石,因为只有钻石才能发光,而菱形和棒球场是不闪光的。作为对照,汉语中的每个字就是一个词素,所以要找出各个词素相当容易,但要切分出各个词就非常困难,不仅需要构词的知识,还需要解决可能遇到的切分歧义。如"不是人才学人才学",可以是"不是人才—学人才学",也可以是"不是人—才学人才学"。

5.3　句法分析

句法分析主要有两个作用：① 对句子或短语结构进行分析，以确定构成句子的各个词、短语之间的关系以及各自在句子中的作用等，并将这些关系用层次结构加以表达；② 对句法结构进行规范化。在对一个句子进行分析的过程中，如果把分析句子各成分间的关系的推导过程用树形图表示出来的话，那么这种图称为句法分析树。句法分析是由专门设计的分析器进行的，分析过程就是构造句法树的过程，将每个输入的合法语句转换为一棵句法分析树。

分析自然语言的方法主要分为两类：基于规则的方法和基于统计的方法。这里主要介绍基于规则的方法。

5.3.1　短语结构文法

短语结构文法 $\mathbf{G}$ 的形式化定义如下：$\mathbf{G} = (\mathbf{V}_t, \mathbf{V}_n, \mathbf{S}, \mathbf{P})$

其中：$\mathbf{V}_t$ 是终结符的集合，终结符是指被定义的那个语言的词（或符号）；$\mathbf{V}_n$ 是非终结符号的集合，这些符号不能出现在最终生成的句子中，是专门用来描述文法的；$\mathbf{V}$ 是由 $\mathbf{V}_t$ 和 $\mathbf{V}_n$ 共同组成的符号集，$\mathbf{V} = \mathbf{V}_t \cup \mathbf{V}_n$，$\mathbf{V}_t \cap \mathbf{V}_n = \Phi$；$\mathbf{S}$ 是起始符，它是集合 $\mathbf{V}_n$ 中的一个成员；$\mathbf{P}$ 是产生式规则集，每条产生式规则具有 $a \to b$ 形式，其中 $a \in \mathbf{V}^+$，$b \in \mathbf{V}^*$，$a \neq b$，$\mathbf{V}*$ 表示由 $\mathbf{V}$ 中的符号所构成的全部符号串（包括空符号串 Φ）的集合，$\mathbf{V}^+$ 表示 $\mathbf{V}^*$ 中除空符号串 Φ 之外的一切符号串的集合。

采用短语结构文法定义的某种语言，是由一系列规则组成的。

【例1】　$\mathbf{G} = (\mathbf{V}_t, \mathbf{V}_n, \mathbf{S}, \mathbf{P})$

$\mathbf{V}_t = \{$ the , man , killed , a , deer , likes $\}$

$\mathbf{V}_n = \{$ S , NP , VP , N , ART , V , Prep , PP $\}$

$\mathbf{S} = \mathbf{S}$

$\mathbf{P}$：（1）$\mathbf{S} \to \mathbf{NP} + \mathbf{VP}$

　　（2）$\mathbf{NP} \to \mathbf{N}$

　　（3）$\mathbf{NP} \to \mathbf{ART} + \mathbf{N}$

　　（4）$\mathbf{VP} \to \mathbf{V}$

　　（5）$\mathbf{VP} \to \mathbf{V} + \mathbf{NP}$

　　（6）$\mathbf{ART} \to$ the | a

　　（7）$\mathbf{N} \to$ man | deer

　　（8）$\mathbf{V} \to$ killed | likes

5.3.2　乔姆斯基文法体系

乔姆斯基（Chomsky）以有限自动机为工具刻画语言的文法，把有限状态语言定义为由有限状态文法生成的语言，于1956年建立了自然语言的有限状态模型。Chomsky 采用代数和集合论，把形式语言定义为符号序列，根据形式文法中所使用的规则集，定义了下列4种形式的文法：

（1）无约束短语结构文法，又称 0 型文法。

（2）上下文有关文法，又称 1 型文法。

（3）上下文无关文法，又称 2 型文法。

（4）正则文法，即有限状态文法，又称 3 型文法。

型号越高所受约束越多，生成能力就越弱，能生成的语言集就越小，也就是说型号的描述能力就越弱。下面简要讨论这几类文法。

正则文法又称有限状态文法，只能生成非常简单的句子。

正则文法有两种形式：左线性文法和右线性文法。在一部左线性文法中，所有规则必须采用如下形式：

$$A \rightarrow tB \qquad 或 \qquad A \rightarrow t$$

其中 $A \in \mathbf{V}_n$，$x \in \mathbf{V}_n$，$t \in \mathbf{V}_t$，即 A、B 都是单独的非终结符，£ 是单独的终结符。而在一部右线性文法中，所有规则必须如下书写：

$$A \rightarrow Bt \qquad 或 \qquad A \rightarrow t$$

上下文无关文法的生成能力略强于正则文法。在一部上下文无关文法中，每一条规则都采用如下的形式：

$$A \rightarrow x$$

其中 $A \in \mathbf{V}_n$，$x \in V^*$，即每条产生式规则的左侧必须是一个单独的非终结符。在这种体系中，规则被应用时不依赖于符号 A 所处的上下文，因此称为上下文无关文法。

上下文有关文法是一种满足以下约束的短语结构文法：对于每一条形式为：

$$x \rightarrow y$$

的产生式，y 的长度（即符号串 y 中的符号个数）总是大于或等于 x 的长度，而且 $x, y \in V^*$。例如：$AB \rightarrow CDE$ 是上下文有关文法中一条合法的产生式，但 $ABC \rightarrow DE$ 不是。

这一约束可以保证上下文有关文法是递归的。这样，如果编写一个程序，在读入一个字符串后能最终判断出这个字符串是或不是由这种文法所定义的语言中的一个句子。

自然语言是一种与上下文有关的语言，上下文有关语言需要用 1 型文法描述。文法规则允许其左部有多个符号（至少包括一个非终结符），以指示上下文相关性，即上下文有关指的是对非终结符进行替换时需要考虑该符号所处的上下文环境。但要求规则的右部符号的个数不少于左部，以确保语言的递归性。对于产生式：

$$aAb \rightarrow ayb(A \in \mathbf{V}_n, y \neq \Phi, a \text{ 和 } b \text{ 不能同时为 } \Phi)$$

当用 y 替换 A 时，只能在上下文为 a 和 b 时才可进行。

由于上下文无关语言的句法分析远比上下文有关语言有效，因此希望在增强上下文无关语言的句法分析的基础上，实现自然语言的自动理解。ATN 就是基于这种思想实现的一种自然语言句法分析技术。

如果不对短语结构文法的产生式规则的两边做更多的限制，而仅要求 x 中至少含有一个非终结符，那么即成为乔姆斯基体系中生成能力最强的一种形式文法，**即无约束短语结构**

文法。

$$x \rightarrow y \, (x \in V^+, \ y \in V^*)$$

0 型文法是非递归的文法,即无法在读入一个字符串后,最终判断出这个字符串是或不是由这种文法所定义的语言中的一个句子。因此,0 型文法很少用于自然语言处理。

5.3.3　句法分析树

在对一个句子进行分析的过程中,如果把分析句子各成分间关系的推导过程用树形图表示出来,那么这种图称为句法分析树,如图 5-1 所示。

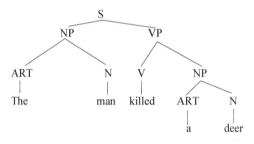

图 5-1　句法分析树

在句法分析树中,初始符号总是出现在树根上,终止符总是出现在叶上。

5.3.4　转移网络

句法分析中的转移网络由结点和带有标记的弧组成,结点表示状态,弧对应于符号,基于该符号,可以实现从一个给定的状态转移到另一个状态。重写规则和相应的转移网络如图 5-2 所示。

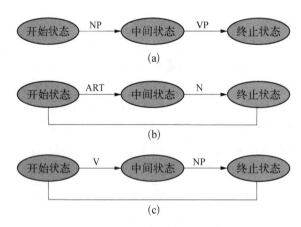

图 5-2　重写规则的转移网络

用转移网络分析一个句子,首先从句子 S 开始启动转移网络。如果句子表示形成和转移网络的部分结构(NP)匹配,那么控制会转移带和 NP 相关的网络部分。这样,转移网络进入之间状态,然后接着检查 VP 短语,在 VP 的转移网络中,假设整个 VP 匹配成功,则控制会转移到终止状态,并结束。

扩充转移网络(Augmented Transition Net-work,ATN)文法属于一种增强型的上下文无关文法,即用上下文无关文法描述句子文法结构,并同时提供有效的方式将各种理解语句所需要的知识加到分析系统中,以增强分析功能,从而使得应用 ATN 的句法分析程序具有分析上下文有关语言的能力。ATN 主要是对转移网络中的弧附加了过程而得到的。当通过一个弧的时候,附加在该弧上的过程就会被执行。这些过程的主要功能有:① 对文法特征进行赋值;② 检查数(Num-ber)或人称(第一、二或三人称)条件是否满足,并据此允许或不允许转移。

5.4　语义分析

句法分析通过后并不等于已经理解了所分析的句子,至少还需要进行语义分析,把分析得到的句法成分与应用领域中的目标表示相关联,才能产生唯一正确的理解。简单的做法就是依次使用独立的句法分析程序和语义解释程序。这样做的问题是,在很多情况下句法分析和语义分析相分离,常常无法决定句子的结构。ATN 允许把语义信息加进句法分析,并充分支持语义解释。为有效地实现语义分析,并能与句法分析紧密结合,学者们给出了多种进行语义分析的方法,这里主要介绍语义文法和格文法。

5.4.1　语义文法

语义文法是将文法知识和语义知识组合起来,以统一的方式定义为文法规则集。语义文法是上下文无关的,形态上与面向自然语言的常见文法相同,只是不采用 NP、VP 及 PP 等表示句法成分的非终止符,而是使用能表示语义类型的符号,从而可以定义包含语义信息的文法规则。

下面给出一个关于舰船信息的例子,可以看出语义文法在语义分析中的作用。

S→PRESENT the ATTRIBUTE of SHIP

PRESENT→what is|can you tell me

ATTRIBUTE→length|class

SHIP→the SHIPNAME|CLASSNAME class ship

SHIPNAME→Huanghe|Changjiang

CLASSNAME→carrier|submarine

5.4.2　格文法

格文法主要是为了找出动词和跟它处在结构关系中的名词的语义关系,同时也涉及动词或动词短语与其他的各种名词短语之间的关系。格文法的特点是允许以动词为中心构造分析结果,尽管文法规则只描述句法,但分析结果产生的结构却对应于语义关系,而非严格的句法关系。

在格表示中,一个语句包含的名词词组和介词词组均以它们与句子中动词的关系来表示,称为格。在格文法中,格表示的语义方面的关系,反映的是句子中包含的思想、观念等,称为深层格。和短语结构文法相比,格文法对于句子的深层语义有着更好的描述。无论句子的表层形式如何变化,如主动语态变为被动语态,陈述句变为疑问句,肯定句变为否定句等,其底层的语义关系,各名词成分所代表的格关系不会发生相应的变化。'

规则化的知识库则为机器提供了推理能力。当超级计算机沃森在《危险边缘》中面对这样一个问题:"When 60 Minutes premiered,this man was U.S.President(当《60分钟》初次上演时,这个人是当时的美国总统)"时,Waston需要使用句法分析之类的技术对句子进行句法分解,然后确定"permiered"的语义后面关联的是一个日期;同时要对"60分钟"进行语义消歧,确定它指代的是某个电视节目而非具体的时间。在进行句法分析后,沃森需要最后根据确定的日期,推断当时在位的美国总统。

5.5　大规模真实文本的处理

语料库(Corpus),指存储语言材料的仓库。现代的语料库是指存放在计算机里原始语料库是指存放在计算机里的原始语料文本或经过加工后带有语言学信息标注的语料文本。

关于语料库的三点基本认识:① 语料库中存放的是在语言的实际使用中真实出现过的语言材料;② 语料库是以电子计算机为载体承载语言知识的基础资源;③ 真实语料需要经过加工(分析和处理),才能成为有用的资源。

以WordNet为例来说明语料库中包括什么样的语义信息。WordNet是1990年由Princeton大学的Miller等人设计和构造的。一部WordNet词典将近95 600个词形(51 500个单词和44 100个搭配词)和70 100个词义分为五类:名词、动词、形容词、副词和虚词,按语义而不是按词性来组织词汇信息。在WordNet词典中,名词有57 000个,含有48 800个同义词集,分成25类文件,平均深度12层。最高层为根概念,不含有固有名词。WordNet是按一定结构组织起来的语义类词典,主要特征表现如下:① 整个名词组成一个继承关系;② 动词是一个语义网。

大规模真实文本处理的数学方法主要是统计方法,大规模的经过不同深度加工的真实文本的语料库的建设是基于统计性质的基础。如何设计语料库,如何对生语料进行不同深度的加工以及加工语料的方法等,正是语料库语言学要深入进行研究的。

规模为几万、十几万甚至几十万的词,含有丰富的信息(如包含词的搭配信息、文法信息等)的计算机可用词典,对自然语言的处理系统的作用是很明显的。采用什么样的词典结构,包含词的哪些信息,如何对词进行选择,如何以大规模语料为资料建立词典即如何从大规模语料中获取词等都需要进行深入的研究。

对大规模汉语语料库的加工主要包括自动分词和标注,包括词性标注和词义标注。汉语自动分词的方法主要以基于词典的机械匹配分词方法为主,包括:最大匹配法、逆向最大匹配法、逐词遍历匹配法、双向扫描法、设立切分标志法及最佳匹配法等。

词性标注就是在给定句子中判定每个词的文法范畴,确定其词性并加以标注的过程。

词性标注的方法主要就是兼类词的歧义排除方法。方法主要有两大类:一类是基于概率统计模型的词性标注方法;另一类是基于规则的词性标注方法。

词义标注是对文本中的每个词根据其所属上下文给出它的语义编码,这个编码可以是词典释义文本中的某个义项号,也可以是义类词典中相应的义类编码。

世界各国对语料库和语言知识库的开发都投入了极大的关注。1979 年,中国开始进行机读语料库建设,先后建成汉语现代文学作品语料库(1979 年,武汉大学,527 万字)、现代汉语语料库(1983 年,北京航空航天大学,2 000 万字)、中学语文教材语料库(1983 年,北京师范大学,106 万字)和现代汉语词频统计语料库(1983 年,北京语言学院,182 万字)。

北京大学计算语言学研究所从 1992 年开始现代汉语语料库的多级加工,在语料库建设方面成绩卓著,先后建成 2 600 万字的 1998 年《人民日报》标注语料库、2 000 万汉字和 1 000 多万英语单词的篇章级英汉对照双语语料库、8 000 万字篇章级信息科学与技术领域的语料库等。清华大学于 1998 年建立了 1 亿汉字的语料库,着重研究汉语分词中的歧义切分问题。

在语言知识库建设方面,《同义词词林》、"知网"(HOW Net)、概念层次网络(Hierarchical Network of Concepts,HNC)等一批有影响的知识库相继建成,并在自然语言处理研究中发挥了积极的作用。

5.6 信息搜索

信息检索是指从文献集合中查找出所需信息的程序和方法。传统信息检索概念称为信息索(Information Retrieval),网络信息检索概念称为网络信息搜索(Information Searching)。

搜索引擎是一种用于帮助 Internet 用户查询信息的搜索工具,它以一定的策略在Internet 中搜集、发现信息,对信息进行理解、提取、组织和处理,并为用户提供检索服务,达到信息导航的目的。

5.6.1 搜索引擎

搜索引擎是在万维网上查找信息的工具,为了实现协助用户在万维网上查找信息的目标,搜索引擎需要完成收集、组织、检索万维网信息并将检索结果反馈给用户这一系列的操作。

一般来说,完成信息搜索引擎的任务,需要两个过程。一是在服务器方,也就是服务提供者对网络信息资源进行搜索分析标引的过程(称作信息标引过程);二是当用户方提出检索需求时,服务器方搜索自己的信息索引库,然后发送给用户的过程(称作提供检索过程)。

用户通过检索表达式页面的填写反映出自己的检索意向,向系统送交请求。系统答复后,用户可以根据具体情况,决定是否访问资源所在地。信息搜索引擎在整个信息检索过程中起到了指南和向导的作用,方便了人们的检索。对应以上两个过程,搜索引擎一般需要以下 4 个不同的部件来完成:

(1)搜索器。功能是在互联网中漫游、发现和搜集信息。

(2)索引器。功能是理解搜索器所搜索的信息,从中抽取出索引项,用于表示文档以及生成文档的索引表。

(3)检索器。功能是根据用户输入的关键词在索引器形成的倒排表中进行查询,同时完成页面与查询之间的相关度评价,对将要输出的结果进行排序,并实现某种用户相关性反馈机制。

(4)用户接口。作用是输入用户查询、显示查询结果、提供用户相关性反馈机制。

搜索引擎系统由数据抓取子系统、内容索引子系统、链接结构分析子系统和信息查询子系统四个部分组成。

信息搜索模型是信息搜索系统的核心,它为搜索系统信息的有效获取提供了重要的理论支持。目前文本信息搜索的方法有:基于关键字匹配的检索方法,基于主题的搜索引擎,启发式的智能搜索方法等。研究与开发文本信息搜索的技术重点是自动分词技术,自动摘要技术,信息的自动过滤技术,自然语言的理解识别技术。

搜索引擎可分为如下 3 类:

(1) 一般搜索引擎,也是一般网民经常在网络上用到的搜索工具,通常分为以下 3 类:基于 Robot 的搜索引擎,分类目录,两者相结合的搜索引擎。

(2) 元搜索引擎,是对分布于网络的多种检索工具的全局控制机制,它通过一个统一用户界面帮助用户在多个搜索引擎中选择和利用合适的搜索引擎来实现检索操作。

(3) 专题性搜索引擎,满足针对特定领域、专业或学科最全,其服务对象是专业人员与研究人员。

搜索引擎的其他分类方法还有:按照自动化程度分为人工与自动引擎;按照是否具有智能功能分为智能与非智能引擎;按照搜索内容分为文本搜索引擎、语音搜索引擎、图形搜索引擎、视频搜索引擎等。

搜索引擎的现状是:① 各种搜索引擎走向不断融合;② 多样化和个性化的服务;③ 强大的查询功能;④ 本地化。

5.6.2　智能搜索引擎

未来的搜索引擎发展方向是采用基于人工智能技术的 Agent 技术,利用智能 Agent 的强大功能实现网络搜索的系统化、高效化、全面化、精确化和完整化,并实现智能分析和评估检测的能力,以满足网络用户不断发展的需求。

智能搜索引擎是结合人工智能技术的新一代搜索引擎。它将使信息检索从目前基于关键词层面提高到基于知识(概念)层面,对知识有一定的理解与处理能力,能够实现分词技术、同义词技术、概念搜索、短语识别以及机器翻译技术等。智能搜索引擎具有信息服务的智能化、人性化特征,允许网民采用自然语言进行信息的检索,为他们提供更方便、更确切的搜索服务。具体可归纳为以下 3 个方面的特征:① Robot 技术向分布式、智能化方向发展;② 人机接口的智能化,主要是通过提供更好的人机交互界面技术和关联式的综合搜索结果两方面来体现;③ 更精确的搜索,包括智能化搜索,个性化搜索,结构化搜索,垂直化专业领域搜索,本土化的搜索等。

常用的智能搜索引擎技术包括:自然语言理解技术,对称搜索技术,基于 XML 的技术。随着移动计算、社会计算和云计算等技术的成熟和发展,搜索引擎向移动搜索、社区化搜索、微博搜索和云搜索等方向发展。

5.7　机器翻译

机器翻译过程就是由一个符号序列变换为另一个符号序列的过程。这种变换有三种基本模式(如图 5-3 所示)。

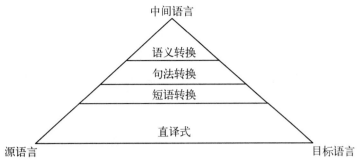

图 5-3 机器翻译的金字塔

(1) 直译式(一步式)。直接将特定的源语言翻译成目标语言,翻译过程主要表现为源语言单元(主要是词)向目标语言单元的替换,对语言的分析很少。

(2) 中间语言式(二步式)。先分析源语言,并将其变换为某种中间语言形式,然后再从中间语言出发,生成目标语言。

(3) 转换式(三步式)。先分析源语言,形成某种形式的内部表示(如句法结构形式),然后将源语言的内部表示转换为目标语言对应的内部表示,最后从目标语言的内部表示再生成目标语言。

三种模式构成了机器翻译的金字塔。塔底对应于直译式,塔顶对应于中间语言式,为翻译的两个极端;中间不同层次统称为转换式。金字塔最下层的直译式主要是基于词的翻译。在塔中,每上升一层,其分析更深一层,向"理解"更逼近一步,翻译的质量也更进一层;越往上逼近,处理的难度和复杂度也越大,出错以及错误传播的机会也随之增加,这可能影响翻译质量。

根据知识获取方式的不同,可以将机器翻译分成基于人工知识的机器翻译与基于学习的机器翻译方法;根据学习方法的不同,可以将机器翻译分为非参数方法(或实例方法)与参数方法(或统计方法)。

(1) 基于人工规则的方法。最典型的知识表示形式是规则,因此,基于规则的机器翻译(Rule Based Machine Translation, RBMT)也成为这类方法的代表。翻译规则包括源语言的分析规则,源语言的内部表示向目标语言内部表示的转换规则以及目标语言的内部表示生成目标语言的规则。

(2) 基于实例的方法。从实例库中寻找与待翻译的源语言单元最相似的例子,再对相应的目标语言单元进行调整。

(3) 基于统计模型的方法。统计翻译模型是利用实例训练模型参数,以参数服务于机器翻译。由于统计机器翻译本质上是带参数的机器学习,与语言本身没有关系,因此模型适用于任意语言对,也方便迁移到不同应用领域。翻译知识都通过相同的训练方式对模型参数化,翻译也用相同的解码算法去推理实现。

统计机器翻译是目前主流的机器翻译方法。下面介绍基于词的统计机器翻译和基于短语的统计机器翻译。

5.7.1 基于词的统计机器翻译

IBM 最早提出的 5 个翻译模型就是基于词的模型,其基本思想是:① 对于给定的大规模句子对齐的语料库,通过词语共现关系确定双语的词语对齐;② 一旦得到了大规模语料库上的词语对齐关系,就可以得到一张带概率的翻译词典;③ 通过词语翻译概率和一些简单的词语调序概率,计算两个句子互为翻译的概率。

IBM 模型通过利用给定的大规模语料库中的词语共现关系,自动计算出句子之间词语对齐的关系,而不需要利用任何外部知识(如词典、规则等),同时可以达到较高的准确率,这比单纯使用词典方法的正确率要高得多。这种方法的原理,就是利用词语之间的共现关系。例如,已知以下两个句子对是互为翻译的:

$$AB{\Leftrightarrow}XY$$
$$AC{\Leftrightarrow}XZ$$

根据直觉,容易猜想 A 翻译成 X,B 翻译成 Y,C 翻译成 Z。只是当有成千上万的句子对,每个句子都有几十个词的时候,依靠人的直觉就不够了。IBM 模型将人的这种直觉用数学公式定义出来,并给出了具体的实现算法,这种算法称为 EM 训练算法。

通过 IBM 模型的训练,利用一个大规模双语语料库可以得到一部带概率的翻译词典。IBM 模型也对词语调序建立了模型,但这种模型是完全不考虑结构的,因此对词语调序的刻画能力很弱。在基于词的翻译方法中,对词语调序起主要作用的还是语言模型。

在基于词的统计翻译模型下,解码的过程通常可以理解为一个搜索的过程,或者一个不断猜测的过程。这个过程大致如下:

第一步,猜测译文的第一个词是源文的哪一个词翻译过来的;第二步,猜测译文的第二个词应该是什么;第三步,猜测译文的第二个词是源文的哪一个词翻译过来的;以此类推,直到所有源文词语都翻译完。

在解码的过程中,要反复使用翻译模型和语言模型来计算各种可能的候选译文的概率,以避免搜索的范围过大。

IBM 模型可以较好地刻画词语之间的翻译概率,但由于没有采用任何句法结构和上下文信息,它对词语调序能力的刻画非常弱。由于词语翻译的时候没有考虑上下文词语的搭配,也经常会导致词语翻译的错误。

尽管作为一种基于词的翻译模型,IBM 模型的性能已经被新型的翻译模型所超越,但作为一种大规模词语对齐的工具,IBM 模型仍然在统计机器翻译研究中广泛使用,而且几乎是不可或缺的。

5.7.2 基于短语的统计机器翻译

目前,基于短语的统计翻译模型已经趋于成熟,其性能已经远远超过了基于词的统计翻译模型(IBM 模型)。这种模型建立在词语对齐的语料库的基础上,其中词语对齐的工作仍然要依靠 IBM 模型来实现。基于短语的统计翻译模型对于词语对齐是非常鲁棒的,即使词语对齐的效果不太好,依然可以取得很好的性能。

基于短语的翻译模型原理是在词语对齐的语料库上,搜索并记录所有的互为翻译的双语短语,并在整个语料库上统计这种双语短语的概率。

假设已经得到如下的两个词语对齐的片段(如图 5-4 所示)。

解码(翻译)的时候,只要将被翻译的句子与短语库中的源语言短语进行匹配,找出概率最大的短语组合,并适当调整目标短语的语序即可。

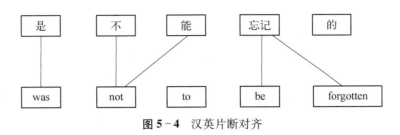

图 5-4　汉英片断对齐

这种方法几乎就是一种机械的死记硬背式的方法。基于短语的统计翻译模型的性能远远超过了已有的基于实例的机器翻译系统。

5.8　语音识别

语音识别系统需要几个层次的处理。词语以声波传送,声波也就是模拟信号,信号处理器传送模拟信号,并从中抽取诸如能量、频率等特征。这些特征映射为单个语音单元(音素)。单词的发音是由音素组成的,因此最终阶段是将"可能的"音素序列转换成单词序列。构成单词发音的独立单元是音素,音素可能由于上下文不同而发音不同。

语音的产生要求将单词映射为音素序列,然后将之传送给语音合成器,单词的声音通过说话者从语音合成器发出。

5.8.1　信号处理

声波在空气压力下会发生变化。振幅和频率是声波的两个主要特征,振幅可以衡量某一时间点的空气压力,频率是振幅变化的速率。当对着麦克风讲话时,空气压力的变化会导致振动膜发生振荡,振荡的强度与空气压力(振幅)成正比,振动膜振荡的速率与压力变化的速率成正比,因此振动膜离开它的固定位置的偏移量就是振幅的度量。根据空气是压缩的或是膨胀(稀薄)的,振动膜的偏移可以被描述为正或负。偏离的幅度取决于当振动膜在正值与负值之间循环时,在哪一个时间点测量偏差值。这些度量值的获取称为采样。当声波被采样时,绘制成一个 x-y 平面图,x 轴表示时间,y 轴表示振幅,每秒钟声波重复的次数为频率。每一次重复是一个周期,所以,频率为 10 意味着 1 秒内声波重复 10 次——每秒 10 个周期或更一般地表示为 10 Hz。

声音的音量与功率的大小有关,与振幅的平方有关。用肉眼观察声波的波形得不到多少信息,只能看出元音与大多数辅音的差别,仅仅简单地看一下波形就确定一个音素是元音还是辅音是不可能的。从麦克风所捕获的数据包含了所需单词的信息,否则不可能将语音记录下来,并将其回放为可理解的语音。语音识别的要求是抽取那些能够帮助辨别单词的信息,这些信息应该很简洁而且易于进行计算。典型地,应该将信号分割成若干块,从块中抽取大量不连续的值,这些不连续的值通常称为特征。信号的每个块称为帧,为了保证落在帧边缘的重要信息不会丢失,应该使帧有重叠。

人们说话的频率在 10 kHz 以下(每秒 10 000 个周期)。每秒得到的样本数量应是需要记录的最高语音频率的两倍。

在语音识别中,常用另一种称作线性预测编码(Linear Predictive Coding,LPC)的技术来抽取特征。傅里叶变换可用来在后一阶段中提取附加信息。LPC把信号的每个采样表示为前面采样的线性组合。预测需要对系数进行估计,系数估计可以通过使预测信号和附加真实信号之间的均方误差最小来实现。

频谱代表波不同频率的组成成分,它可以利用傅里叶变换、LPC或其他方法得到。频谱能识别出与不同音素相匹配的主控频率,这种匹配可以产生不同音素的可能性估计。

综上所述,语音处理包括从一段连续声波中采样,将每个采样值量化,产生一个波的压缩数字化表示。采样值位于重叠的帧中,对于每一帧,抽取出一个描述频谱内容的特征向量。然后,音素的可能性可通过每帧的向量来计算。

5.8.2 识别

声源被简化为特征集合后,下一个任务是识别这些特征所代表的单词,本节重点关注单个单词的识别。识别系统的输入是特征序列,而单词对应于字母序。如果要分析一个大的单词库,就要识别某种字母序列比其他字母序列更有可能发生的模式。例如:字母 *y* 跟在 *ph* 后面出现的概率要大于跟在 *t* 后面出现的概率。马尔可夫模型是表示序列可能出现的一种方法。图5-5是马尔可夫模型的一个例子。模型中有4个状态,分别标记为1~4。边代表从一个状态到另一个状态的转移,每条边上有一个权值,表示状态转移的概率。下面的值是观察权值,每个状态可以发出它下面列出的符号之一,权值是概率,显示发出每个符号的相对频率。一个符号可以被多个状态发出。在图5-5中,状态4不会再转向其他状态,被认为是终止状态。对于任何状态,只能顺着箭头的方向进行状态转移,而从一个状态发出的所有箭头上的概率之和为1。状态可以代表组成单词的字母,这里只讨论通常的状态。

图5-5中的模型可以看作一个序列生成器。例如,若从状态1开始,在状态4结束,下面是可能生成的一些序列:

```
1   2   3   4
1   2   2   3   3   3   3   4
1   2   3   3   4
1   2   2   2   2   3   4
```

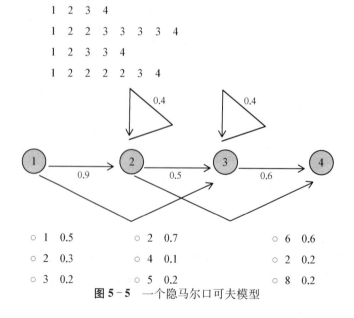

○ 1 0.5	○ 2 0.7	○ 6 0.6
○ 2 0.3	○ 4 0.1	○ 2 0.2
○ 3 0.2	○ 5 0.2	○ 8 0.2

图5-5 一个隐马尔口可夫模型

任何序列生成的概率都可以计算出来,生成某个序列的概率就是生成该序列路径上的所有概率之积。

例如,对于序列"1 2 3 3 4",路径集合为:

$$1—2,2—3,3—3,3—4$$

概率为:

$$0.9 * 0.5 * 0.4 * 0.6 = 0.108$$

某些序列比其他序列生成的可能性更高。马尔可夫模型的关键假设是下一个状态只取决于当前状态。

在识别问题中,输入的是观察序列,而观察序列是由信号处理抽取得到的特征。不同的单词有不同的转移状态和概率,识别器的任务是确定哪一个单词模型是最可能的。因此,需要一种实现抽取路径的方法。

隐马尔可夫模型(Hidden Markov Model,HMM)是一种统计分析模型,创立于 20 世纪 70 年代。HMM 的状态不能直接观察到,但能通过观测向量序列观察到。自 20 世纪 80 年代以来,HMM 已成功地用于语音识别、行为识别、文字识别和移动通信核心技术"多用户的检测"。隐马尔可夫模型建立了单词特征及一个特征出现在另一个特征之后的概率模型,可用于状态不直接可见的识别问题。

习题

(1) 什么是自然语言理解? 自然语言理解过程有哪些层次? 各层次的功能如何?

(2) 什么是词法分析?

(3) 什么是句法分析? 其主要任务是什么?

(4) 给定文法如下:

$G = (V_t, V_n, S, P)$

$V_t = \{$ the ,boy ,dog ,hits $\}$

$V_n = \{$ S ,NP ,VP ,Det,N ,V ,Prep ,PP $\}$

$S = S$

P:(1) S→NP+VP

(2) NP→Det+N

(3) VP→V+NP

(4) VP→VP+PP

(5) PP→Prep+NP

(6) Det→the

(7) N→boy|doy

(8) V→hits

给出对句子 the boy hits the doy 进行分析的句法分析树。

第6章　智能信息处理技术

人工智能有三大研究学派：符号主义、联结主义和行为主义。前面的章节已经讨论了符号主义的典型技术与应用，下面将对联结主义的主要观点与技术作讨论。联结主义又称为仿生学派或生理学派，其原理为神经网络及神经网络间的连接机制和学习算法。

联结主义主要进行结构模拟，认为人的思维基元是神经元，而不是符号处理过程，认为大脑是智能活动的物质基础，要揭示人类的智能奥秘，就必须弄清大脑的结构，弄清大脑信息处理过程的机理。

6.1　神经网络

神经网络是借鉴人脑的结构和特点，通过大量简单处理单元互联组成的大规模并行分布式信息处理和非线性动力学系统。

神经网络由具有可调节权值的阈值逻辑单元组成，通过不断调节权值，直至动作计算表现令人满意来完成学习。

人工神经网络的发展可以追溯到 1890 年，美国生物学家阐明了有关人脑的结构及其功能。1943 年，美国心理学家 W. Mcculloch 和数学家 W. Pitts 提出了神经元网络对信息进行处理的数学模型（即 M－P 模型），揭开了神经网络研究的序幕。1949 年，Hebb 提出了神经元之间连接强度变化的学习规则，即 Hebb 规则，开创了神经元网络研究的新局面。1987 年 6 月在美国召开的第一次神经网络国际会议（ICNN）宣告了神经网络计算机学科的诞生。目前神经网络应用于各行各业。

6.1.1　神经网络的模型和学习算法

1. 神经网络的模型

神经网络由神经元来模仿单个的神经细胞。其中，x_i 表示外部输入，f 为输出，圆表示神经元的细胞体，θ 为阈值，ω_i 表式连接权植。图 6－1 为一个神经元的结构。

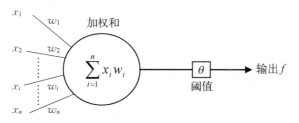

图 6 - 1 一个神经元的结构

输出 f 取决于转移函数 φ，$f = \varphi\left(\sum_{i=1}^{n} x_i \omega_i - \theta\right)$，常用的转移函数有三种，根据具体的应用和网络模型进行选择。

神经网络具有以下优点：

（1）可以充分逼近任意复杂的非线性关系。

（2）具有很强的鲁棒性和容错性。

（3）并行处理方法，使得计算快速。

（4）可以处理不确定或不知道的系统，因神经网络具有自学习和自适应能力，可根据一定的学习算法自动地从训练实例中学习。

（5）具有很强的信息综合能力，能同时处理定量和定性的信息，能很好地协调多种输入信息关系，适用于多信息融合和多媒体技术。

以下是几种典型的神经网络拓扑结构：

1）单层网络

最简单的网络是把一组几个节点形成一层，如图 6 - 2 所示。图中，左边的小圆圈只起分配输入信号的作用，没有计算作用，所以不看作网络的一层，右边用大圆圈表示的一组节点则是网络的一层。输入信号可表示为行向量 $X = (x_1, x_2, \cdots, x_N)$，其中每一分量通过加权连接到各节点。每一节点均可产生一个输入的加权和。实际的人工神经网络和生物神经网络中有些连接可能不存在，为了更一般化，采用全连接。

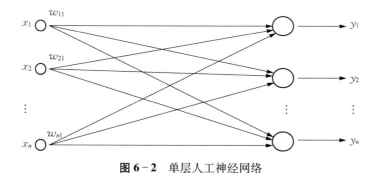

图 6 - 2 单层人工神经网络

权值用于模拟神经元之间的连接强度，而通过学习得到的信息或知识就"存储"在权值中，并以权值表现出来。

2）多层网络

将单层网络进行级联，一层的输出作为下一层的输入，即可得到多层网络。在多层网络中,同样地,接收输入信号的输入层不计入网络的层数。产生输出信号的层为输出层,除此之外的层称为隐层。在多层网络中,层间的转移函数是非线性的。

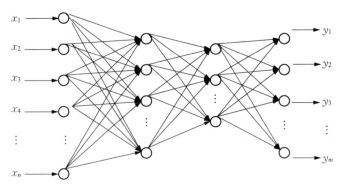

图 6-3 多层人工神经网络

3) 回归型网络(反馈型网络)

一般来说,凡包含反馈连接的网络均称为回归型网络,或称反馈型网络。反馈连接就是一层的输出通过连接权回送到同一层或前一层的输入。

2. 神经网络的学习算法

分为三大类:有教师学习(也称为监督学习、有指导的学习)、无教师学习(也称为非监督学习、无指导的学习)和增强(或分级)学习。

神经网络的学习过程如图 6-4 所示。

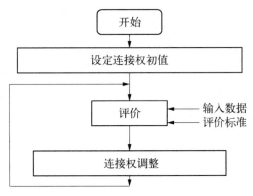

图 6-4 神经网络的学习过程

有教师学习中,对于每一个输入向量 xk,有与之相对应的目标或期望输出 d_k 时,就可以构成训练组 (x_k, d_k), $k = 1, 2, \cdots$,当加入一个输入向量时,算出网络的实际输出 y_k,并与目标输出 dk 相比较,根据其误差 δ_k,用某种算法或规则来调整(训练)网络的权值。这样,不断地加入输入向量,使网络的实际输出越来越接近于目标输出,直到所有训练组的误差都达到可以接受的程度时,权值的训练即告结束,目标向量起到了教师的作用。有教师的学习过程如图 6-5 所示。

在无教师的学习中,根据网络的输入和自身的"经历"来调整网络的权值和偏置值,它没有目标输出。大多数这种类型的算法都是要完成某种聚类操作,学会将输入模式进行分类。这种网络的学习评价标准是隐含于网络的内部的。无教师的学习过程如图 6-6 所示。

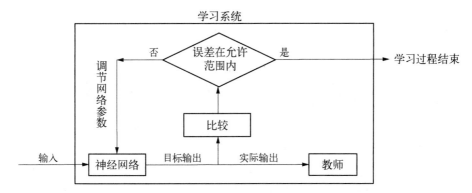

图 6-5 有教师的学习过程

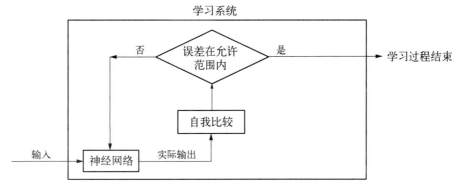

图 6-6 无教师的学习过程

转移函数(激励函数)描述了生物神经元的转移特性,可以是 s 的线性或非线性函数,可以用特定的转移函数满足神经元要解决的特定问题。常用的有:

1)阈值型

输出为±1 或(0,1)两种状态,有时称为硬限幅函数。

$$y = \varphi(s) = \begin{cases} 0 & s < 0 \\ 1 & s \geqslant 0 \end{cases}$$

2)分段线性型

神经元的输入输出特性满足一定的区间线性关系。

$$y = \varphi(s) = \begin{cases} 0 & s \leqslant -\dfrac{1}{2} \\ s & -\dfrac{1}{2} < s < \dfrac{1}{2} \\ 1 & s \geqslant \dfrac{1}{2} \end{cases}$$

3)S 型

常表示为对数函数,是一种常用的可微激活函数,这样的一个激活函数使得神经网络的输出具有良好的统计解释。

$$y = \varphi(s) = \frac{1}{1 + e^s}$$ 或表示为双曲正切函数：$y = \varphi(s) = \frac{e^s - e^{-s}}{e^s + e^{-s}}$。

隐层为 S 型神经元的二层网络是一类实用上非常重要的神经网络，它能以任意精度表示任何连续函数。只要隐层神经元的个数充分多，则隐神经元为 S 型神经元而输出元为线性元的二层网可任意逼近任何函数。

其重要推论是就分类问题而言，这一网络能以任意精度逼近任何形状的决策边界。因此，这一网络提供了一个万能非线性判别函数。

神经网络的学习规则就是修改神经网络的权值和偏置值的方法和过程（也称这种过程为训练算法）。学习规则的目的是为了训练网络来完成某些工作。

下面我们对一个神经网络的学习进行讨论，假设该网络由 S 型神经元构成，则选择转移函数为 $y = \varphi(s) = \frac{1}{1 + e^{-s}}$，则此网络中第 i 层第 j 个输出为 $y_i^{(j)} = \frac{1}{1 + e^{-s_i^{(j)}}}$，其中 $s_i^{(j)} = X^{(j-1)} \cdot W_i^{(j)} - \theta_i$，$X^{(j-1)}$ 为第 $j-1$ 层的输入向量（$x_1^{(j-1)}$，$x_2^{(j-1)}$，$\cdots$，$x_n^{(j-1)}$），$W_i^{(j)}$ 为相应的权值向量（w_1^j，w_2^j，$\cdots$，w_n^j）。对权的调节公式为：$w_i^{(j)} = w_i^{(j)} + \Delta w_i^{(j-1)}$，通过对权不断地调节，使网络得到训练，从而使网络的实际输出 y 越来越接近于目标输出 d，网络学习结束，实现了我们的目标。在不同的神经网络学习算法中，对 $\Delta w_i^{(j-1)}$ 的计算方式各不相同。

6.1.2　几种典型神经网络简介

1）多层感知网络（误差逆传播神经网络）

在 1986 年以 Rumelhart 和 McCelland 为首的科学家出版的《Parallel Distributed Processing》一书中，完整地提出了误差逆传播学习算法，并被广泛接受。多层感知网络是一种具有三层或三层以上的阶层型神经网络。典型的多层感知网络是三层、前馈的阶层网络，即：输入层 I、隐含层（也称中间层）J、输出层 K。相邻层之间的各神经元实现全连接，即下一层的每一个神经元与上一层的每个神经元都实现全连接，而且每层各神经元之间无连接。

学习规则及过程：它以一种有教师的方式进行学习。首先由教师对每一种输入模式设定一个期望输出值。然后对网络输入实际的学习记忆模式，并由输入层经中间层向输出层传播（称为"模式顺传播"）。实际输出与期望输出的差即是误差。按照误差平方最小这一规则，由输出层往中间层逐层修正连接权值，此过程称为"误差逆传播"。所以误差逆传播神经网络也简称 BP（Back Propagation）网络。随着"模式顺传播"和"误差逆传播"过程的交替反复进行。网络的实际输出逐渐向各自所对应的期望输出逼近，网络对输入模式的响应的正确率也不断上升。通过此过程，确定各层间的连接权值之后就可以学习了。

BP 模型是一种用于前向型神经网络的反向传播学习算法，由鲁梅尔哈特（D. Rumelhart）和麦克莱伦德（McClelland）于 1985 年提出。目前，BP 算法已成为应用最多且最重要的一种训练前向型神经网络的学习算法。BP 模型采用可微的线性转移函数，通常选用 S 型函数。

BP 算法的学习目的是对网络的连接权值进行调整，使得对任一输入都能得到所期望的输出。学习的方法是用一组训练样例对网络进行训练，每一个样例都包括输入及期望的输出两部分。训练时，首先把样例的输入信息输入到网络中，由网络自第一个隐层开始逐层地进行计算，并向下一层传递，直到传至输出层，其间每一层神经元只影响下一层神经元的状态。然后,以其输出与样例的期望输出进行比较,如果它们的误差不能满足要求,则沿着原来的连接通路逐层返回,并利用两者的误差按一定的原则对各层节点的连接权值进行调整,使误差逐步减小,直到满足要求时为止。调整权值的最简单方法是固定步长的梯度下降法。

BP 算法的学习过程的主要特点是逐层传递并反向传播误差,修改连接权值,以使网络能进行正确的计算。由于 BP 网及误差反向传播算法具有中间隐含层并有相应的学习规则可寻,使得它具有对非线性模式的识别能力。

由于 BP 网及误差逆传播算法具有中间隐含层并有相应的学习规则可寻,使得它具有对非线性模式的识别能力。特别是其数学意义明确、步骤分明的学习算法,更使其具有广泛的应用前景。目前,在手写字体的识别、语音识别、文本——语言转换、图像识别以及生物医学信号处理方面已有实际的应用。

但 BP 网并不是十分的完善,它存在以下一些主要缺陷:学习收敛速度太慢、网络的学习记忆具有不稳定性,即:当给一个训练好的网提供新的学习记忆模式时,将使已有的连接权值被打乱,导致已记忆的学习模式的信息的消失。

以隐层为 S 型神经元的 BP 网络为例,$\Delta w_i^{(j-1)}$ 使用下式计算:$\Delta w_i^{(j-1)} = c_i^{(j)} \delta_i^{(j)} x^{(j-1)}$,式中,$c_i^{(j)}$ 为该权向量的学习率函数,通常可认为同一网络中所有权向量的学习率相同。$\delta_i^{(j)}$ 反映的是误差的一种衡量,$\delta_i^{(j)} = f_i^{(j)} (1 - f_i^{(j)}) \sum_{l=1}^{m_{j+1}} \delta_l^{(j+1)} w_{il}^{j+1}$,$mj + 1$ 为第 $j + 1$ 层的神经元数,w_{il}^{j+1} 为第 $j + 1$ 层的神经元的权值中的第 1 个,$\delta^{(k)} = (d - f) f (1 - f)$。$x^{(j-1)}$ 为第 $j - 1$ 层的输入向量。(推导过程略)。

例: 用 BP 算法训练一个能解决奇偶性问题的函数,若输入有奇数个 1,则输出为 1,否则为 0。

x_i 为输入,f 为输出,箭头上的数字为初始权值。

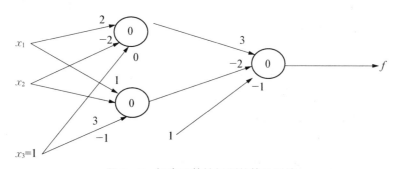

图 6-7　解决函数性问题的算法训练

用 $x_i^{(j)}$ 表示第 j 层的第 i 个输入,$f_i^{(j)}$ 表示第 j 层的第 i 个输出,d 为期望的输出结果,f 为实际输出。

在这个网络中,可能的输入和期望输出有四种:

(1) $x_1^{(0)} = 1, x_2^{(0)} = 0, x_3^{(0)} = 1; d = 0$(输入有 2 个 1,输出为 0)

(2) $x_1^{(0)} = 0, x_2^{(0)} = 0, x_3^{(0)} = 1; d = 1$(输入有 1 个 1,输出为 1)

(3) $x_1^{(0)} = 0, x_2^{(0)} = 1, x_3^{(0)} = 1; d = 0$(输入有 2 个 1,输出为 0)

(4) $x_1^{(0)} = 1, x_2^{(0)} = 1, x_3^{(0)} = 1; d = 1$(输入有 3 个 1,输出为 1)

$$s_1^{(1)} = X^{(0)} \cdot W_1^{(1)} - \theta_1^{(1)} = (1, 0, 1) \cdot (2, -2, 0) - 0 = 2$$

$$f_1^{(1)} = \frac{1}{1 + e^{-s_1^{(1)}}} = \frac{1}{1 + e^{-2}} \approx 0.881$$

$$s_2^{(1)} = X^{(0)} \cdot W_2^{(1)} - \theta_2^{(1)} = (1, 0, 1) \cdot (1, 3, -1) - 0 = 0$$

$$f_2^{(1)} = \frac{1}{1 + e^{-s_2^{(1)}}} = \frac{1}{1 + e^{-0}} = 0.500$$

$$s^{(2)} = X^{(1)} \cdot W^{(2)} - \theta^{(2)} = (0.881, 0.500, 1) \cdot (3, -2, -1) - 0 = 0.643$$

$$f = \frac{1}{1 + e^{-s^{(2)}}} = \frac{1}{1 + e^{-0.643}} \approx 0.655$$

$$\delta^{(2)} = (d - f)f(1 - f) = (0 - 0.655) \cdot 0.655 \cdot (1 - 0.655) \approx -0.148$$

$$\delta_1^{(1)} = f_1^{(1)}(1 - f_1^{(1)}) \sum_{l=1}^{m_{1+1}} \delta_l^{(1+1)} w_{il}^{1+1}$$

$$= 0.881 \cdot (1 - 0.881) - \delta_1^{(2)} w_{11}^2$$

$$= 0.881 \cdot 0.119 \cdot (-0.148) \cdot 3$$

$$\approx -0.047$$

$$\delta_2^{(1)} = f_2^{(1)}(1 - f_2^{(1)}) \sum_{l=1}^{m_{1+1}} \delta_l^{(1+1)} w_{2l}^{1+1}$$

$$= 0.500 \cdot (1 - 0.500) - \delta_1^{(2)} w_{21}^2$$

$$= 0.500 \cdot 0.500 \cdot (-0.148) \cdot (-2)$$

$$\approx 0.074$$

$$w_1^{(1)} = w_1^{(1)} + \Delta w_1^{(1-1)}$$

$$= w_1^{(1)} + c_1^{(1)} \delta_1^{(1)} x^{(1-1)}$$

$$= (2, -2, 0) + 1 \cdot (-0.047) \cdot (1, 0, 1)$$

$$= (2, -2, 0) + (-0.047, 0, -0.047)$$

$$= (1.953, -2, -0.047)$$

$$w_2^{(1)} = w_2^{(1)} + \Delta w_2^{(1-1)}$$

$$= w_2^{(1)} + c_2^{(1)} \delta_2^{(1)} x^{(1-1)}$$

$$= (1, 3, -1) + 1 \cdot (0.074) \cdot (1, 0, 1)$$

$$= (1, 3, -1) + (0.074, 0, 0.074)$$

$$= (1.074, 3, -0.926)$$

$$w^{(2)} = w^{(2)} + \Delta w^{(1)}$$

$$= w^{(2)} + c^{(2)} \delta^{(2)} x^{(1)}$$

$$= (3, -2, -1) + 1 \cdot (-0.148) \cdot (0.881, 0.500, 1)$$

$$= (3, -2, -1) + (-0.130, -0.074, -0.148)$$

$$= (2.870, -2.074, -0.148)$$

经过一次训练,得到以上三组新权值,将网络中的原始权值用新权值代替,再次进行训练,并反复进行此过程,直到结果满意为止。(误差在我们可接受范围内,此网络就训练成功了。)

之后的训练过程留作练习。

2)竞争型(KOHONEN)神经网络

它是基于人的视网膜及大脑皮层对刺激的反应而产生的。神经生物学的研究结果表明:生物视网膜中,有许多特定的细胞,对特定的图形(输入模式)比较敏感,并使得大脑皮层中的特定细胞产生大的兴奋,而其相邻的神经细胞的兴奋程度被抑制。对于某一个输入模式,通过竞争在输出层中只激活一个相应的输出神经元。许多输入模式,在输出层中将激活许多个神经元,从而形成一个反映输入数据的"特征图形"。

这种方法常常用于图像边缘处理,解决图像边缘的缺陷问题。

竞争型神经网络的缺点和不足:因为它仅以输出层中的单个神经元代表某一类模式。所以一旦输出层中的某个输出神经元损坏,则导致该神经元所代表的该模式信息全部丢失。

3)Hopfield 神经网络

美国物理学家 J.J. Hopfield 分别于 1982 年及 1984 年提出的两个神经网络模型:一是离散的;二是连续的。都属于反馈型网络,它们从输入层至输出层都有反馈存在。Hopfield 网络可以用于联想记忆和优化计算。他利用非线性动力学系统理论中的能量函数方法研究反馈人工神经网络的稳定性,并利用此方法建立求解优化计算问题的系统方程式。来评价和指导整个网络的记忆功能。

Hopfield 和 D.W. Tank 用这种网络模型成功的求解了典型的推销员问题(TSP)。这在当时的神经网络研究中取得了突破性的进展,再次掀起了神经网络的研究热潮。

基本的 Hopfield 神经网络是一个由非线性元件构成的全连接型单层反馈系统。

网络中的每一个神经元都将自己的输出通过连接权传送给所有其他神经元,同时又都接收所有其他神经元传递过来的信息。即:网络中的神经元 t 时刻的输出状态实际上间接地与自己的 $t-1$ 时刻的输出状态有关。所以 Hopfield 神经网络是一个反馈型的网络。其状态变化可以用差分方程来表征。反馈型网络的一个重要特点就是它具有稳定状态。当网络达到稳定状态的时候,也就是它的能量函数达到最小的时候。这里的能量函数不是物理意义上的能量函数,而是在表达形式上与物理意义上的能量概念一致,表征网络状态的变化趋势,并可以依据 Hopfield 工作运行规则不断进行状态变化,最终能够达到的某个极小值的目标函数。网络收敛就是指能量函数达到极小值。如果把一个最优化问题的目标函数转换成网络的能量函数,把问题的变量对应于网络的状态,那么 Hopfield 神经网络就能够用于解决优化组合问题。

Hopfield 神经网络的能量函数是朝着梯度减小的方向变化,但它仍然存在一个问题,那就是一旦能量函数陷入局部极小值,它将不能自动跳出局部极小点,到达全局最小点,因而无法求得网络最优解。这可以通过模拟退火算法或遗传算法得以解决。

离散型网络模型是一个离散时间系统,每个神经元只有两种状态,可用 1 和-1,或者 1 和 0 表示,由连接权值 W_{ij} 构成的矩阵是一个零对角的对称矩阵,即

$$w_{ij} = \begin{cases} w_{ji} & 若\ i \neq j, \\ 0 & 若\ i = j。 \end{cases}$$

在该网络中,每当有信息进入输入层时,在输入层不做任何计算,直接将输入信息分布地传递给下一层各有关节点。若用 $X_j(t)$ 表示节点 j 在时刻 t 的状态,则该节点在下一时刻(即 $t+1$)的状态由下式决定:

$$X_j(t+1) = \text{sgn}(H_j(t)) = \begin{cases} 1 & 若 H_j(t) \geqslant 0, \\ -1(或 0) & 若 H_j(t) < 0。\end{cases}$$

这里

$$H_j(t) = \sum_{i=1}^{n} w_{ij} X_i(t) - \theta_j。$$

式中,W_{ij} 为从节点 I 到节点 j 的连接权值;θ_j 为节点 j 的阈值。

当网络经过适当训练后(权值已经确定),可以认为网络处于等待工作状态。给定一个初始输入,网络就处于特定的初始状态,由此初始状态运行,可以得到网络的输出(即网络的下一状态);将这个输出反馈到输入端,形成新的输入,从而产生下一步的输出;如此循环下去,如果网络是稳定的,那么,经过多次反馈运行,网络达到稳定,由输出端得到网络的稳态输出。

离散 Hopfield 网络中的神经元与生物神经元的差别较大,因为生物神经元的输入输出是连续的,且存在时延。于是 Hopfield 于 1984 年又提出了连续时间的神经网络,在这种网络中,节点的状态可取 0 至 1 间任一实数值。

4)径向基函数网络(Radial Basis Function Network)

径向基函数(RBF)方法源于 Powell(1987 年)的多维空间有限点精确插值方法。可以从逼近论,正则化,噪声插值和密度估计等观点来推导。是一种将输入矢量扩展或者预处理到高维空间中的神经网络学习方法,其结构十分类似于多层感知器(MLP)。理论基础是函数逼近,它用一个二层前馈网络去逼近任意函数。网络输入的数目等效于所研究问题的独立变量数目。

5)自适应共振理论(Adaptive Resonance Theory)

自适应共振理论(Adaptive Resonance Theory, ART)是一种无教师的学习网络。由 S. Grossberg 和 A.Carpenter 于 1986 年提出,包括 ART1、ART2 和 ART3 三种模型。可以对任意多个和任意复杂的二维模式进行自组织、自稳定和大规模并行处理。ART1 用于二进制输入,ART2 用于连续信号的输入,ART3 用模拟化学神经传导动态行为的方程来描述,它们主要用于模式识别。

基本原理是:每当网络接收外界的一个输入向量时,它就对该向量所表示的模式进行识别,并将它归入与某已知类别的模式匹配中去;如果它不与任何已知类别的模式匹配,则就为它建立一个新的类别。若一个新输入的模式与某一个已知类别的模式近似匹配,则在将它归入该类的同时,还要对那个已知类别的模式向量进行调整,以使它与新模式更相似。

6.1.3　神经网络的应用

神经网络广泛应用于以下领域:航空、汽车、国防、银行、电子市场分析、运输与通信、信号处理、自动控制等。

目前,神经网络、模糊计算技术和遗传算法正在开始逐渐融合。将它们的不同特性融合在一起,可以取长补短,优化知识发现的过程,实现更加完善的信息处理。

神经网络与大数据的双剑合璧优势凸显,在语音识别,计算机视觉、医学医疗、智慧博弈领域都有着上佳表现,成为前沿热点。

习题

(1)简述神经元的基本组成。

(2)简述 BP 算法的原理。

(3)完成本章例题的训练过程。

(4)有哪些典型的神经网络? 各有什么特点?

6.2　深度学习

深度学习(Deep Learning)是机器学习研究中的一个新的领域,其目的是建立、模拟人脑进行分析学习的神经网络,模仿人脑的机制来解释数据。深度学习的概念由 Hinton 等人于 2006 年提出,其概念源于人工神经网络的研究,多层感知器就是一种深度学习结构。深度学习通过组合低层特征形成更加抽象的高层表示属性类别或特征,以发现数据的分布式特征表示。深度学习的优点是用无监督式或半监督式的特征学习和分层特征提取高效算法来替代以往的特征获取方法。

传统的机器学习算法都是利用浅层的结构,这些结构一般包含最多一到两层的非线性特征变换,浅层结构在解决很多简单的问题上效果较为明显,但是在处理一些更加复杂与自然信号的问题时就会遇到很多问题。

在深度学习中常用的几种模型:① 自编码器模型,通过堆叠自编码器构建深层网络;② 卷积神经网络模型,通过卷积层与采样层的不断交替构建深层网络;③ 循环神经网络。

之前的机器学习算法都需要人工指定其特征的具体形式,这个过程称为特征处理,通过对原始数据进行处理得到原始数据的特征,再通过具体的算法,如分类算法回归算法或者聚类算法对其进行处理,得到最终的处理结果。对于上述特征处理的工作,需要大量的先验知识,如果选取的特征能够较好地表征原始数据,最终的结果也比较好,反之,效果并不会很好。对于这样的需要大量经验知识的特征提取工作,是否存在一种可以自动学习出其特征的方式,深度学习很好地解决了这样的问题。

AutoEncoder 是最基本的特征学习方式对于一些无标注的数据,AutoEncoder 通过重构输入数据,达到自我学习的目的。

对于如图 6-8 所示的多层神经网络模型,隐含层的层数增加,同时增加了训练的难度,在利用梯度下降对网络中的权重和偏置训练的过程中,会出现诸如梯度弥散的现象,能够充分利用多层神经网络来对样本进行更高层的抽象,Hinton 等人提出了逐层训练的概念。

在逐层训练模型中,每次训练 2 层模型,如图 6-9 所示。

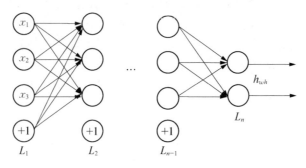

图 6 - 8　多层神经网络模型

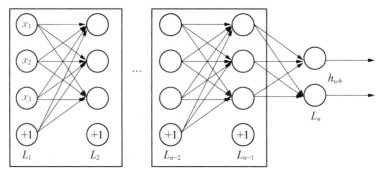

图 6 - 9　逐层训练

在图 6 - 9 中,每次通过训练相邻的两层,并将训练好的模型堆叠起来,构成深层网络模型。自编码器 AutoEncoder 是一种用于训练相邻两层网络模型的一种方法。

深度学习思想就是堆叠多个层,本层的输出作为下一层的输入[3]。

把学习结构看作一个网络,则深度学习的核心思路如下:

① 无监督学习用于每一层网络的 pre-train;

② 每次用无监督学习只训练一层,将其训练结果作为其高一层的输入;

③ 用自顶而下的监督算法去调整所有层。

6.2.1　深度学习的模型和学习算法

不同的学习框架下建立的学习模型不同.例如,卷积神经网络(Convolutional neural networks,CNNs)是一种深度的监督学习下的机器学习模型,而深度置信网(Deep Belief Nets, DBNs)是一种无监督学习下的机器学习模型(见图 6 - 10)。

从一个输入中产生一个输出所涉及的计算可以通过一个流向图(flow graph)表示:流向图是一种能够表示计算的图,在这种图中每一个节点表示一个基本的计算以及一个计算的值,计算的结果被应用到这个节点的子节点的值。考虑这样一个计算集合,它可以被允许在每一个节点和可能的图结构中,并定义了一个函数族。输入节点没有父节点,输出节点没有子节点。

这种流向图的一个特别属性是深度(depth):从一个输入到一个输出的最长路径的长度。

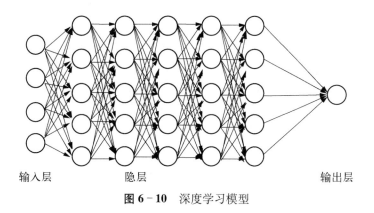

输入层　　　　　　隐层　　　　　　　　　　输出层

图 6 - 10　深度学习模型

1. deep learning 训练过程

（1）使用自底向上的非监督学习。

分层训练各层参数，是一个无监督训练过程。首先用无决策属性的数据训练第一层，训练时先学习第一层的参数（这一层可以看作是得到一个使得输出和输入差别最小的神经网络的隐层），由于模型容量的限制以及稀疏性约束，使得得到的模型能够学习到数据本身的结构，从而得到比输入更具有表示能力的特征；在学习得到第 $n-1$ 层后，将 $n-1$ 层的输出作为第 n 层的输入，训练第 n 层，由此分别得到各层的参数；

（2）自顶向下的监督学习（就是通过带决策属性的数据去训练，误差自顶向下传输，对网络进行微调）。

基于第一步得到的各层参数进一步调节整个多层模型的参数，这一步是一个有监督训练过程；第一步类似神经网络的随机初始化初值过程，由于深度学习的第一步不是随机初始化，而是通过学习输入数据的结构得到的，因而这个初值更接近全局最优，从而能够取得更好的效果；所以深度学习效果好很大程度上归功于第一步的无监督学习过程。

2. 深度学习的常用模型

1）自动编码器

自动编码器 AutoEncoder 是一种用于训练相邻两层网络模型的一种方法。是典型的无监督学习算法，其结构如图 6 - 11 所示。

图中，最左侧是输入层，中间是隐含层，最右边是输出层。对于输入 X，假设输入 $X = (x_1, x_2, \cdots, x_d)$，且 $x_i \in [0, 1]$，自编码器首先将输入 X 映射到一个隐含层，利用隐含层对其进行表示为 $H = (h_1, h_2, \cdots, h_d)$，且 $h_i \in [0, 1]$，这个过程被称为编码（Encode），隐含层的输出 H 的具体形式为：$H = \sigma(W_1 X + b_1)$。其中，σ 为一个非线性映射，如 Sigmoid 函数。

隐含层的输出 H 被称为隐含的变量，利用该隐含的变量重构 Z。这里输出层的输出 Z 与输入层的输入 X 具有相同的结构，这个过程被称为解码（Decode）。输出层的输出 Z 的具体形式为：$Z = \sigma(W_2 H + b_2)$。

输出层的输出 Z 可以看成是利用特征 H 对原始数据

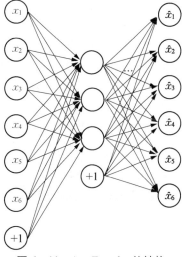

图 6 - 11　AutoEncoder 的结构

X 的预测。

从上述的过程中可以看出,解码的过程是编码过程的逆过程,对于解码过程中的权重矩阵 W_2 可以被看成是编码过程的逆过程,即 $W_2 = W_1 T$。

为了使得重构后 Z 和原始的数据 X 之间的重构误差最小,首先需要定义重构误差,定义重构误差的方法有很多种,如使用均方误差,$1 = \parallel X - Z \parallel_2$。

或者使用交叉熵作为其重构误差:

$$l = - \sum_{k=1}^{d} \left[X_k \log Z_k + (1 - X_k) \log(1 - Z_k) \right]$$

【黄安埠】隐含层的设计有两种方式:① 隐藏层神经元个数小于输入层神经元个数,称为 undercomplete。使得输入层到隐藏层的变化本质上是一种降维操作,网络试图以更小的维度去描述原始数据而尽量不损失数据信息,从而得到输入层的压缩表示。② 隐藏层神经元个数大于输入层神经元个数,称为 overcomplete。该隐藏层设计一般用于稀疏编码器,可以获得稀疏的特征表示,也就是隐藏层中有大量的神经元取值为零。

2)稀疏自动编码器

在 AutoEncoder 的基础上加上 L1 的 Regularity 限制(L1 主要是约束每一层中的节点中大部分都要为 0,只有少数不为 0),得到稀疏自动编码器法。

限制每次得到的表达编码尽量稀疏,因为稀疏的表达往往比其他的表达要有效。

3)降噪自动编码器

目前数据受到噪声影响时,可能会使获得的输入数据本身就不服从原始的分布。在这种情况下,利用自编码器,得到的那个结果也将是不正确的,为了解决这种由于噪声产生的数据偏差问题,提出了 DAE 网络结构在输入层、隐藏层之间添加了噪声处理,噪声层处理后得到新的数据,然后按照这个新的噪声数据进行常规自编码器变换操作。

4)受限波尔兹曼机(RBM)

假设有一个二部图,每一层的节点之间没有链接,一层是可视层,即输入数据层(v),一层是隐藏层(h),如果假设所有的节点都是随机二值变量节点(只能取 0 或者 1 值),同时假设全概率分布 $p(v, h)$ 满足 Boltzmann 分布,这个模型称受限波尔兹曼机(RBM)(见图 6-12)。

这个模型是二部图,所以在已知 v 的情况下,所有的隐藏节点之间是条件独立的(因为节点之间不存在连接),即 $p(h|v) = p(h_1|v) \cdots p(h_n|v)$。同理,在已知隐藏层 h 的情况下,所有的可视节点都是条件独立的。同时又由于所有的 v 和 h 满足 Boltzmann 分布,因此,当输入 v 的时候,通过 $p(h|v)$ 可以得到隐藏层 h,而得到隐藏层 h 之后,通过 $p(v|h)$ 又能得到可视层,通过调整参数,从隐藏层得到的可视层 v_1 与原来的可视层 v 如果一样,那么得到的隐藏层就是可视层另外一种表达,因此隐藏层可以作为可视层输入数据的特征,所以它就是一种深度学习方法。

联合组态的能量表示为:

$$E(v, h; \theta) = - \sum_{ij} W_{ij} v_i h_j - \sum_i b_i v_i - \sum_j a_j h_j$$

$\theta = \{W, a, b\}$ model parameters

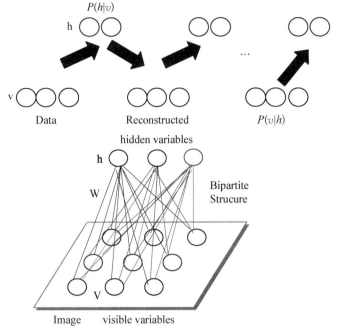

图 6 - 12 受限波尔兹曼机

而某个组态的联合概率分布可以通过 Boltzmann 分布和组态的能量确定：

$$P_\theta(v, h) = \frac{1}{Z(\theta)}\exp(-E(v, h; \theta)) = \underbrace{\frac{1}{Z(\theta)}}_{\text{partion.function}} \prod_{ij} \underbrace{e^{W_{ij}v_i h_j}}_{\text{potential.functions}} \prod_i e^{b_i v_i} \prod_j e^{a_j h_j}$$

$$Z(\theta) = \sum_{h, v} \exp(-E(v, h; \theta))$$

因为隐藏节点之间是条件独立的（因为节点之间不存在连接），即

$$P(h \mid v) = \prod_j P(h_j \mid v)$$

然后可以比较容易（对上式进行因子分解 Factorizes）得到在给定可视层 v 的基础上，隐层第 j 个节点为 1 或者为 0 的概率：

$$P(h_j = 1 \mid v) = \frac{1}{1 + \exp(-\sum_i W_{ij}v_i - a_j)}$$

同理，在给定隐层 h 的基础上，可视层第 i 个节点为 1 或者为 0 的概率也可以容易得到：

$$P(v \mid h) = \prod_i P(v_i \mid h)$$

$$P(v_i = 1 \mid h) = \frac{1}{1 + \exp(-\sum_j W_{ij}h_j - b_i)}$$

给定一个满足独立同分布的样本集：$D = \{v(1), v(2), \cdots, v(N)\}$，需要学习参数 $\theta =$

$\{W, a, b\}$。

对数似然函数(最大似然估计:对于某个概率模型,需要选择一个参数,让当前的观测样本的概率最大)最大化:

$$L(\theta) = \frac{1}{N} \sum_{n=1}^{N} \log P_\theta(v^{(n)}) - \frac{\lambda}{N} \| W \|_F^2$$

也就是对最大对数似然函数求导,就可以得到 L 最大时对应的参数 W 了。

$$\frac{\partial L(\theta)}{\partial W_{ij}} = E_{p_{\text{data}}}[v_i h_j] - E_{P_\theta}[v_i h_j] - \frac{2\lambda}{N} W_{ij}$$

如果把隐藏层的层数增加,可以得到深度波尔兹曼机(DBM);如果我们在靠近可视层的部分使用贝叶斯信念网络(即有向图模型,当然这里依然限制层中节点之间没有链接),而在最远离可视层的部分使用受限玻尔兹曼机,我们可以得到深度信念网络(DBN)。

5)卷积神经网络(CNN)

为了能够减少参数的个数,卷积神经网络中提出了三个重要的概念:① 稀疏连接;② 共享权值;③ 池化。其中稀疏连接主要是通过对数据中局部区域进行建模,以发现局部的一些特性。共享权值的目的是为了简化计算的过程,使得需要优化的参数变少;自采样的目的是解决图像中的平移不变性及所要识别的内容与其在图像中的具体位置无关。池化是卷积神经网络中一个比较重要的概念,一般可以采用最大池化。在最大池化中将输入图像划分成为一系列不重叠的正方形区域,然后对于每一个子区域输出其中的最大值。

在卷积神经网络中最重要的是卷积层、下采样层和全连接层,这 3 层分别对应的卷积神经网络中最重要的三个操作,卷积操作、最大池化操作和全连接的 MLP 操作。

卷积神经网络是深度学习技术中极具代表性的网络结构,它的应用非常广泛,尤其是在计算机视觉领域取得了很大的成功。相较于传统的图像处理算法的优点在于一年来对图像复杂的前期预处理过程及大量的人工提取特征工作,能够直接从原始像素出发,经过极少的预处理就能够识别出视觉上的规律,但受到当时环境的制约,计算机的计算能力跟不上,使得深度学习依赖的两大基础因素燃料和引擎都没有得到很好的满足。2006 年起,在大数据和高性能计算平台的推动下,数学家们开始重新改造卷积神经网络,并设法克服难以训练的困难,其中最著名的是 AlexNet,该网络结构在图像识别任务上取得了重大突破,并以创纪录的成绩夺得当年的 ImageNet 冠军。卷积神经网络的变种网络结构,还包括:ZFNet、VGGNet、GoogleNet 和 ResNet4 种。从结构看,卷积神经网络发展的一个显著特点就是层数变得越来越深,结构也变得越来越复杂,通过增加深度,网络能够呈现出更深层、更抽象的特征。

传统的神经网络处理是一个全连接的网络,是在输入层接收原始数据,然后把数据传送到隐藏层,并不断向后抽象。但全联接的深度网络存在很多缺点,如梯度消失、局部最优解、可扩展性差等。卷积神经网络的设计做了相应的改进,并且避免了对输入数据复杂的预处理,实现了端到端的表示学习思想。卷积运算是定义在两个连续失值函数上的数学操作。卷积网络在进入全连接层之前已经经过了多个卷积层和池化层的处理。

卷积层:卷积神经网络的核心结构,通过局部感知和参数共享两个原理,实现了对高维输入数据的降维处理,并且能够自动提取原始数据的优秀特征。

激活层：它的作用与传统深度神经网络的激活层一样，把上一层的线性输出通过非线性的激活函数进行处理。

池化层：也称为子采样层或下采样层，是卷积神经网络的另一个核心结构通过层。通过对输入数据的各个维度进行空间的采样，可以进一步降低数据规模，并且对输入数据具有局部线性转换的不变性，增强网络的泛化处理能力。

全连接层：等价于传统的多层感知机 MLP，经过前面的卷积层和池化层的反复处理后，一方面输入数据的维度已经下降至可以直接采用前馈网络来处理；另一方面，全连接层的输入特征是经过反复提炼的结果，因此比直接采用原始数据作为输入所取得的效果更好。

卷积神经网络已成为当前语音分析和图像识别领域的研究热点。它的权值共享网络结构使之更类似于生物神经网络，降低了网络模型的复杂度，减少了权值的数量。在网络的输入是多维图像时表现得更为明显，使图像可以直接作为网络的输入，避免了传统识别算法中复杂的特征提取和数据重建过程。卷积网络是为识别二维形状而特殊设计的一个多层感知器，这种网络结构对平移、比例缩放、倾斜或者其他形式的变形具有高度不变性。

6.2.2　深度学习的应用

在国际上，IBM、google、Facebook 和 Twitter 等公司都在进行深度学习的研究，而国内，阿里巴巴，科大讯飞、百度、中科院自动化所等机构，也纷纷投入人力物力于深度学习的研究与开发当中。

1）计算机视觉

计算机视觉中比较成功的深度学习的应用，包括人脸识别，图像问答，物体检测，物体跟踪。

2）语音识别

微软首先将 RBM 和 DBN 引入到语音识别声学模型训练中，并且在大词汇量语音识别系统中获得巨大成功，使得语音识别的错误率相对减低 30%。但是，DNN 还没有有效地并行快速算法，很多研究机构都是在利用大规模数据语料通过 GPU 平台提高 DNN 声学模型的训练效率。

3）自然语言处理

2013 年 Tomas Mikolov 等发建立 word2vector 模型，与传统的词袋模型（bag of words）相比，word2vector 能够更好地表达语法信息。深度学习在自然语言处理等领域还广泛应用于机器翻译以及语义挖掘等方面。

4）其他领域

深度学习在围棋机器人方面的研究，如谷歌的 AlphaGo 于 2016 年大战李世石，2017 年战胜柯洁。在智能控制、智能调度与指挥、工业自动化等等方面的应用都有深度学习技术的研究。

深度学习正在潜移默化地改变着我们的生活方式，而背后支撑深度学习的 GPU 计算也正变得越来越普及。

6.3　遗传算法

遗传算法（Genetic Algorithm，GA）是一类模拟进化计算（Simulated Evolution

Computation)技术。模拟进化计算技术是模拟自然界生物进化过程与机制求解优化与搜索问题的一类自组织、自适应人工智能技术。

6.3.1 遗传算法的概念

遗传算法是由美国密执安大学的 Holland 教授(1969 年)提出,后经由 DeJong(1975 年),Goldberg(1989 年)等归纳总结所形成的一类模拟进化算法。具有简单通用、鲁棒性强、适合于并行处理以及应用范围广等特点,是 21 世纪一种关键的智能计算方法。

生物的进化是一个优化过程,它通过选择淘汰,突然变异,基因遗传等规律产生适应环境变化的优良物种。

遗传算法的最基本思想基于达尔文进化论和孟德尔的遗传学说。达尔文进化论最重要的是适者生存原理。它认为每一物种在发展中越来越适应环境。物种每个个体的基本特征由后代所继承,但后代又会产生一些异于父代的新变化,在环境变化时,只有那些能适应环境的个体特征能保留下来。

孟德尔遗传学说最重要的是基因遗传原理。它认为遗传以密码方式存在细胞中,并以基因形式包含在染色体内。每个基因有特殊的位置并控制某种特殊性质,所以每个基因产生的个体对环境具有某种适应性。基因突变和基因杂交可产生更适应于环境的后代,经过优胜劣汰的自然淘汰,适应性高的基因结构得以保存下来。

遗传算法以生物细胞中的染色体作为生物个体,认为每一代同时存在许多不同染色体。用适应性函数表征染色体的适应性,染色体的保留与淘汰取决于它们对环境的适应能力,优胜劣汰。适应性函数是整个遗传算法极为关键的一部分,其构成与目标函数密切相关,往往是目标函数的变种,由三个算子组合构成:繁殖(选择)、交叉(重组)、变异(突变)。这种算法可起到产生优化后代的作用,这些后代需满足适应值,经若干代遗传,可以得到满足要求的解(问题的解)。遗传算法已在优化计算和分类机器学习等方面发挥了显著作用。

(1)繁殖(选择)算子(Selection Operator)又称复制(reproduction)算子。选择指的是模拟自然选择的操作,从种群中选择生命力强的染色体,产生新的种群的过程。选择的依据是每个染色体的适应值的大小,适应值越大,被选中的概率就越大,其子孙在下一代产生的个数就越多。根据不同的问题,选择的方法可采用不同的方案。最常见的方法有比率法、排列法和比率排列法。

(2)交叉(重组)算子(Crossover Operator)又称配对(breeding)算子。模拟有性繁殖的基因重组操作,当许多染色体相同或后代的染色体与上一代没有多大差别时,可通过染色体重组来产生新一代染色体。染色体重组分为两个步骤进行:首先,在新复制的群体中随机选取两个染色体,每个染色体由多个位(基因)组成;然后,沿着这两个染色体的基因依一定概率(称为交叉概率),取一个位置,两者互换从该位置起的末尾部分基因。例如,有两个用二进制编码的个体 A 和 B,长度 $L = 6$,$A = a_1 a_2 a_3 a_4 a_5 a_6$;$B = b_1 b_2 b_3 b_4 b_5 b_6$。根据交叉概率选择整数 $k = 4$,经交叉后变为:$A' = a_1 a_2 a_3 b_4 b_5 b_6$;$B' = b_1 b_2 b_3 a_4 a_5 a_6$。遗传算法的有效性主要来自选择和交叉操作,尤其是交叉,在遗传算法中起着核心作用。

(3)变异(突变)算子(Mutation Operator)。选择和交叉算子基本上完成了遗传算法的大部分搜索功能,而变异则增加了遗传算法找到接近最优解的能力。变异就是以很小的概率,随机改变字符串某个位置上的值。在二进制编码中,就是将 0 变成 1,将 1 变成 0。变异发生的概率极低(一般取值在 0.001~0.01 之间)。它本身是一种随机搜索,但与选择、交叉算子结合在一起,就能避免由复制和交叉算子引起的某些信息的永久性丢失,从而保证了遗传算法的有效性。

6.3.2　基本遗传算法

1. 基本运算过程

依标准形式,它使用二进制遗传编码,即等位基因 $\Gamma = \{0, 1\}$,个体空间 $HL = \{0, 1\}L$,且繁殖分为交叉与变异两个独立的步骤进行。遗传算法的基本运算过程如下:

步骤 1(初始化)　确定种群规模 N,交叉概率 Pc,变异概率 Pm 和置终止进化准则;随机生成 N 个个体作为初始种群 $\vec{X}(0)$;置 $t \leftarrow 0$。

步骤 2(个体评价)　计算或估价 $\vec{X}(t)$ 中各个体的适应度。

步骤 3(种群进化):

3.1　选择(母体)　从 $\vec{X}(t)$ 中运用选择算子选择出 $M/2$ 对母体 ($M \geqslant N$)。

3.2　交叉　对所选择的 $M/2$ 对母体,依概率 Pc 执行交叉,形成 M 个中间个体。

3.3　变异　对 M 个中间个体分别独立依概率 Pm 执行变异,形成 M 个候选个体。

3.4　选择(子代)　从上述所形成的 M 个候选个体中依适应度选择出 N 个个体组成新一代种群 $\vec{X}(t+1)$。

步骤 4(终止检验)　如已满足终止准则,则输出 $\vec{X}(t+1)$ 中具有最大适应度的个体作为最优解,终止计算,否则置 $t \leftarrow t+1$ 并转步骤 3。

此算法为最基本的遗传算法思想,对它还有各种推广与变形。

简单地说,遗传算法的基本步骤就是对一个种群中的染色体,重复地做繁殖、交叉、变异操作;计算适应度;并按适应度进行选择,直至达到目标。

2. 工作步骤

对实际问题实施遗传算法通常需要如下步骤:

(1) 对实际问题进行编码,随机建立由字符串组成的初始群体。

(2) 计算群体中各个体的适应度。

(3) 根据交叉、变异概率,进行以下操作产生新的群体:

a. 繁殖。通过计算选择出优良个体复制后加入新的群体中,删除不良个体;

b. 交叉。根据交叉概率选择出两个个体进行交换,所产生的新个体加入新的群体中;

c. 变异。根据变异概率,改变某一个体的某个字符后,所产生的新个体加入新的群体中。

4. 反复执行(2)(3),一旦达到终止条件,选择最佳个体作为实施遗传算法的结果,即得到最优解。

对于算法何时停止,终止条件有如下设定方法:

① 规定遗传迭代的次数,如 100 次或 1 000 次,根据情况选择。

② 根据目标函数值和实际目标值之差小于某一允许值,则停止。

③ 一旦最优个体的适应度不再变化或变化很小时,算法终止。

在用遗传算法实际解决问题时,以下问题是非常关键的:种群规模的确定,编码的方式选择和长度的设定、适应度函数的选择与计算、繁殖、交叉、变异算子等参数的选择。对这些问题我们还可进一步进行深入讨论与研究,合适参数的选定,将对整个算法起到优化作用。现有的一些方法已有广泛地使用,可参考相关文献,在此不再详述。

下面用一个简单的例子来说明遗传算法思想及一般处理过程。

例: 设函数 $f(x) = x^2$,求其在区间 $x \in [0, 31]$ 内的最大值。

1)编码。

用字符串(相当于染色体)编码。用 5 位二进制对 x 进行编码。

初始群体采用随机的方法产生,假设为:01101,11000,01000,10011,对应的 x 为 13,24,8,19。

2)计算适应度。

在本例中,用 $f(x_i)$ 表示第 i 个染色体的适应度值,$f(x_i) = x_i^2$,对每个染色体计算出适应度;

同时,作如下符号约定,并相应计算:

① x_i 为种群中第 i 个染色体;

② $f(x_i)$ 为第 i 个染色体的适应度值,$f(x_i) = x_i^2$;

③ $\sum f(x_i)$ 为种群中所有染色体的适应度值之和;

④ $f(x_i) / \sum f(x_i)$ 为某染色体被选的概率;

⑤ $\overline{f}$ 为适应度的平均值,由 $\sum f(x_i)$ 除以种群个数得出;

⑥ $f(x_i) / \overline{f}$ 为每个个体的相对适应度,反映个体之间的相对优劣性。

⑦ M_p 表示传递给下一代的个体数目(复制的个体 $M_\mathrm{p} = 2$,淘汰的个体 $M_\mathrm{p} = 0$,其他的个体 $M_\mathrm{p} = 1$)。

通过计算得到:个体编号为 2 的个体适应度 $f(x_i)$ 为 576,在所有个体中最高,并且被选的概率 $f(x_i) / \sum f(x_i)$ 最高,为 0.49,其相对适应度 $f(x_i) / \overline{f}$ 为 1.97,也是最高的一个,在所有个体中是优良个体。而个体编号为 3 的个体相对适应度 $f(x_i) / \overline{f}$ 为 0.22,为不良个体。

3)繁殖。

将现有群体变为下一代群体的方法是从旧群体中选择优良个体进行复制。在本例中我们根据个体相对适应度 $f(x_i) / \overline{f}$ 作为复制的依据,适应度大的个体接受复制,使之繁殖;适应度小的个体则淘汰,进行删除,使之死亡。

根据计算我们得到,个体编号为 2 的个体性能最优,接受复制,进行繁殖;个体编号为 3 的个体性能最差,将其删除,使之死亡;个体编号为 1,4 的个体处于中间地位,原样传递到下一代。

用 M_p 表示了传递给下一代的个体数目,则个体编号为 2 的个体 $M_\mathrm{p} = 2$,个体编号为 3 的个体 $M_\mathrm{p} = 0$,其他的个体 $M_\mathrm{p} = 1$。

表 6-1 给出了初始种群和相应的参数值。

表 6-1 第 0 代种群

个体编号	初始群体	x_i	适应度 $f(x_i)$	$f(x_i)/\sum f(x_i)$	$f(x_i)/\overline{f}$	M_p
1	01101	13	169	0.14	0.58	1
2	11000	24	576	0.49	1.97	2
3	01000	8	64	0.06	0.22	0
4	10011	19	361	0.31	1.23	1
总计 $\sum f(x_i)$			1 170	1.00	4.00	4
平均值 $\overline{f}$			293	0.25	1.00	1
最大值			576	0.49	1.97	2
最小值			64	0.06	0.22	0

经过以上步骤,产生了下一代新的群体(第 1 代种群): 01101、11000、**11000**、10011,对应的 x 为 13,24,24,19。其中,第 3 个个体是由第 2 个个体复制得来,原来的第 3 个个体已经被淘汰。对它们以同样的方法计算适应度(见表 6-2)。

表 6-2 第 1 代种群

个体编号	复制后群体	x_i	复制后适应度 $f(x_i)$	交换对象	交换位置	交换后群体	交换后适应度 $f(x_i)$
1	01101	13	169	2	4	01100	144
2	11000	24	576	1	4	11001	625
3	11000	24	576	4	3	11011	729
4	10011	19	361	3	3	10000	256
总计 $\sum f(x_i)$			1 682				1 754
平均值 $\overline{f}$			421				439
最大值			576				729
最小值			361				256

4)交叉。

通过复制产生的新群体,其性能得到了改善,但是它不能产生新的个体。为了产生新个体,对染色体的某些部分进行交叉换位。进行交换的母体都选自经过复制产生的新一代个体。

在本例中,利用随机配对的方法,选定个体编号 1,2 的进行交换,个体编号 3,4 的进行交换。(在表 6-2 交换对象列给出)。

交换的位置采用随机定位的方法,确定个体编号 1,2 的进行交换的位置是 4,即互换从字符串左数第 4 位开始起到末尾的部分字符串。(在表 6-2 交换位置列给出)。交换前的群体为:01101、11000,字符串左数第 4 位开始的字符串以划线作为标识,即两个个体交换划线部分字符串,得到交换后的群体为:01100、11001。

个体编号 3,4 的进行交换的位置是 3,即互换从字符串左数第 3 位开始起到末尾的部分字符串。交换前的群体为：11000、10011,得到交换后的群体为：11**011**、10**000**。

计算出交换后的个体适应度 $f(x_i)$。（见表 6-2 最后列）。

从表 6-2 可以看出,个体编号为 3 的个体,在交换后适应度为 729,大大高于交换前的适应度 526。同时,交换后平均值也由 421 提高到 439,这就说明了,交换后的群体朝着优良方向发展。

5）变异。

根据变异概率将个体字符串某位符号进行逆变：1 变为 0,或 0 变为 1。

个体是否进行变异以及在哪个部位变异,由事先给定的概率决定,也可随机进行。通常,变异的概率很小,约为 0.001~0.10。

在此例中,随机选择个体编号为 4 的个体,对第 3 位进行变异,原个体为：10000,新个体为：10010。

将上述（2）~（5）反复执行,直至得到最优解。

6.3.3 遗传算法应用

1. 遗传算法的特点

根据遗传算法原理及实例的描述,我们了解到如下一些优点：

（1）遗传算法从种群开始搜索,有利于全局择优。而传统优化算法是从单个初始值开始迭代求最优解,可能导致局部最优解。

（2）遗传算法求解时使用特定问题的信息极少,容易形成通用算法程序。

（3）遗传算法有极强的容错能力。遗传算法的初始群体通过选择、交叉、变异操作能迅速排除与最优解相差极大的个体。

（4）遗传算法中的选择、交叉和变异都是随机操作,而不是确定的精确规则。遗传算法中的三个重要操作：选择使得算法向最优解逼近;交叉产生了新个体,促进了最优解的产生;变异体现了全局最优解的覆盖。

（5）遗传算法具有隐含的并行性。

然而遗传算法也存在以下主要缺点：不能描述层次化的问题、不能描述计算机程序、缺少动态可变性。

2. 遗传算法的应用

遗传算法已在优化计算和分类机器学习等方面发挥了显著作用。在以下领域有成功的应用：优化问题、模式识别、神经网络、图像处理、机器学习、生产调度问题、自动控制、反问题求解、机器人学、生物计算、人工生命、程序自动化等。遗传算法在应用方面取得了丰硕成果。

对遗传算法进行改进和研究有如下方面。

1）基础理论的研究

进一步发展遗传算法的数学基础,从理论和试验研究它们的计算复杂性。主要是对搜索机理、收敛性、收敛速度、复杂性、有效性、能解性等基本理论问题的探索和研究。

2）算法设计方面的研究

为了扩大遗传算法的可应用领域,并使之更为有效,主要从更宏观、更本质的角度模拟自然进化原理与机制,模拟生物智能的生成过程,并用以求解问题,进而融合数学、生物、计算机技术等各领域的原理与技巧,使所设计出来的算法更有效。

3）基于遗传算法的分类系统

遗传算法在机器学习中的应用之一是分类系统,已被人们越来越多地应用在科学、工程和经济领域中,是目前遗传算法研究中一个十分活跃的领域。

4）遗传算法与神经网络相结合

遗传神经网络包括连接权、网络结构和学习规则的进化。已得到一些成功的应用。

5）进化算法

遗传算法是进化算法的三种典型算法之一。

的确,遗传算法作为一种非确定性的拟自然算法,为复杂系统的优化提供了一种新的方法,并且经过实践证明效果显著,尽管遗传算法在很多领域具有广泛的应用价值,但它仍存在一些问题,各国学者一直在探索着对遗传算法的改进,以使遗传算法有更广泛的应用领域。

习题

（1）简述遗传算法的原理。

（2）完成本章例题的算法迭代过程。

6.4　粗糙集方法

粗糙集理论的主要思想是利用已知的知识或信息来近似不精确的概念或现象,能从不完全、不确定的事例中获取可信度较高的规则支持决策。

6.4.1　粗糙集的基本概念

粗糙集(Rough Set)理论是由波兰华沙理工大学 Pawlak 教授于 20 世纪 80 年代初提出的一种研究不完整、不确定知识和数据的表达、学习、归纳的理论方法,其主要思想是在保持分类能力不变的前提下,通过知识约简,导出问题的决策或分类规则。目前,粗糙集理论已经在机器学习、决策分析、过程控制、模式识别与数据挖掘等方面得到了成功的应用。

粗糙集理论具有一些独特的观点。这些观点使得粗糙集特别适合于进行数据分析。

（1）知识的粒度性。粗糙集理论认为知识的粒度性是造成使用已有知识不能精确地表示某些概念的原因。通过引入不可区分关系作为粗糙集理论的基础,并在此基础上定义了上下近似等概念,粗糙集理论能够有效地逼近这些概念。

（2）新型成员关系。和模糊集合需要指定成员隶属度不同,粗糙集的成员是客观计算的,只和已知数据有关,从而避免了主观因素的影响。

采用粗糙集理论作为研究知识发现的工具具有许多优点。粗糙集理论将知识定义为不可区分关系的一个族集,这使得知识具有了一种清晰的数学意义,并可使用数学方法进行处理。粗糙集理论能够分析隐藏在数据中的事实而不需要关于数据的任何附加信息。

在信息系统中,对象由一组属性集表示。如果某些对象在考虑的属性集上取值完全相同,则这些对象在这一组属性上不能相互区分。不可区分关系的概念是粗糙集理论的基石,它揭示出论域知识的颗粒状结构。

定义 6.1：一个信息系统是一个序对 $S = (U, A)$，其中:

（1）U 是对象的非空有限集合。

（2）A 是属性的非空有限集合。

（3）对于每一个 $a \in A$，有一个映射 a，$a: U \rightarrow V_a$，这里 V_a 称为 a 的值集。

决策表可以根据信息系统定义如下:

定义 6.2：设 $S = (U, A)$ 是一个信息系统，$A = C \cup D$，$C \cup D = \phi$，C 称为条件属性集，D 称为决策属性集。具有条件属性和决策属性的信息系统称为决策表。

表 6-3 表示一个决策表的例子，其中 $U = \{1, 2, 3, 4\}$，$A = \{A, B, C, D\}$，其中 D 为决策属性。

表6-3 一个决策表的例子

	A	B	C	D
1	a_1	b_1	c_1	d_1
2	a_1	b_2	c_1	d_1
3	a_2	b_1	c_2	d_2
4	a_3	b_3	c_1	d_2

在信息系统中,对象由一组属性集表示。如果某些对象在考虑的属性集上取值完全相同,则这些对象在这一组属性上不能相互区分。不可区分关系的概念是粗糙集理论的基石,它揭示出论域知识的颗粒状结构。

定义 6.3：每一个属性子集 $P \subseteq A$ 决定了一个二元不可区分关系 $IND(P)$：

$$IND(P) = \{(x, y) \in U \times U: \forall a \in P, a(x) = a(y)\}$$
$$IND(P) = \{(x, y) \in U \times U: \forall a \in P, a(x) = a(y)\}$$

显然，$IND(P)$ 是集合 U 上的一个等价关系,且

$$IND(P) = \bigcap_{a \in P} IND(\{a\})$$

如果 $(x, y) \in IND(P)$，则称 x 和 y 是 P 不可区分的。例如:表6-3中对象1和对象2关于决策 d_1 是不可区分的。

关系 $IND(P)$，$P \subseteq A$，决定了 U 的一个划分,我们用 $U/IND(P)$ 来表示。$U/IND(P)$ 中的任何元素称为一个等价类或信息粒度,用 $[x]_{IND(P)}$ 表示包含元素 x 的关系 $IND(P)$ 的等价类。

对任意一个概念(或集合)X,当集合 X 能表示成基本等价类组成的并集时,称集合 X 是可以精确定义的;否则,集合 X 只能通过近似的方法来定义。

定义 6.4：集合 X 关于 P 的下近似定义为

$$\underline{P}X = \cup \{E \in U/IND(P), E \subseteq X\}.$$

$\underline{P}X$ 实际上是由那些根据已有知识判断肯定属于 X 的对象所组成的最大集合,也称为 X 的正区域,记作 $POS_p(X)$。

定义 6.5：集合 X 关于 P 的上近似定义为：

$$\overline{P}X = \cup \{E \in U/IND(P), E \cap X \neq \phi\}.$$

$\overline{P}X$ 是由那些根据已有知识判断可能属于 X 的对象所组成的最小集合。

定义 6.6：集合 X 关于 P 的边界区域定义为：

$$BN_p(X) = \overline{P}X - \underline{P}X$$

如果 $BN_p(X) = \phi$,则称 X 关于 P 是清晰的;反之,如果 $BN_p(X) \neq \phi$,则称 X 为关于 P 的粗糙集(见图 6−13)。

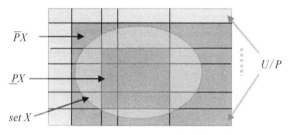

图 6−13　粗糙集概念的示意图

定义 6.7：由那些根据已有知识判断肯定不属于 X 的对象所组成的集合,也称为 X 的负区域,记作 $NEG_p(X)$。

显然,$\overline{P}X \cup NEG_p(X) = U$。

在粗糙集理论中,集合的不精确性是由于边界区域的存在而引起的。集合的边界区域越大,其精确性则越低。

粗糙集理论提供了一整套比较成熟的在样本数据集中寻找和发现数据属性之间关系的方法。近年来,粗糙集理论在机器学习、决策分析、过程控制、模式识别与数据挖掘等方面已得到成功应用。

粗糙集理论的核心内容是属性重要性的度量和属性简约。属性重要性的度量可以分析数据中不同因素的重要程度,过去一般用专家知识对重要性高的属性赋予较大的权重,这必须依赖人的先验知识。而采用粗糙集理论的方法进行度量,可以不需要人为的先验因素,而是直接从论域中的样例发现各个属性的重要性的大小。因此,基于粗糙集理论提取出的规则集,能更好地描述从有限样本中反映出来的属性之间关系的本质特征。

6.4.2　粗糙集对缺失数据的补齐方法

对不完备信息的研究主要考虑三种关系：容差关系(tolerance relation)、非对称相似关系(non symmetric similarity relation)和量化容差关系(valued tolerance relation)。

设 $S = (U, A)$ 是一个信息系统,其中 U 是对象的非空有限集合,A 是属性的非空有限集合。对于每一个 $a \in A$，用 V_a 表示属性 a 的值集。

每一个属性子集 $P \subseteq A$ 决定了一个二元不可区分关系 $IND(P)$：

$$IND(P) = \{(x, y) \in U \times U: \forall a = P, a(x) = a(y)\}$$

显然，$IND(P)$ 是集合 U 上的一个等价关系。

如果对于至少一个属性 $a \in A$，V_a 包括空值，则称 S 是一个不完备信息系统，否则它是完备的。

一个信息系统中的数据基本反映了它所涉及的问题（或领域）的基本特征，尽管系统中可能存在遗失的数据。不完备信息系统中的遗失数据值的填补，应该尽可能反映此信息系统所反映的基本特征以及隐含的内在规律。填补的目标是使具有遗失值的对象与信息系统的其他相似对象的属性值尽可能保持一致，使属性值之间的差异尽可能保持最小。

利用可辨识矩阵作为算法的基础。

1) 可辨识矩阵

可辨识矩阵（也称分明矩阵），是由斯科龙（Skowron）教授提出的。

定义 6.8：令决策表系统为 $S = <U, R, V, f>$，$R = P \cup D$ 是属性集合，子集 $P = \{a_i \mid i = 1, \cdots, m\}$ 和 $D = \{d\}$ 分别称为条件属性和决策属性集，$U = \{x_1, x_2, \cdots, x_n\}$ 是论域，$a_i(x_j)$ 是样本 x_j 在属性 a_i 上的取值。$C_D(I, j)$ 表示可辨识矩阵中第 I 行 j 列的元素，则可辨识矩阵 C_D 定义为

$$C_D(i, j) = \begin{cases} \{a_k \mid a_k \in P \wedge a_k(x_i) \neq a_k(x_j)\}, & d(x_i) \neq d(x_j) \\ 0, & d(x_i) \neq d(x_j) \end{cases}$$

其中，$i, j = 1, \cdots, n$。

根据可辨识矩阵的定义可知，当两个样本（实例）的决策属性取值相同时，它们所对应的可辨识矩阵元素的取值为 0；当两个样本的决策属性不同且可以通过某些条件属性的取值不同加以区分时，它们所对应的可辨识矩阵元素的取值为这两个样本属性值不同的条件属性集合，即可以区分这两个样本的条件属性集合；当两个样本发生冲突时，即所有的条件属性取值相同而决策属性的取值不同时，则它们所对应的可辨识矩阵中的元素取值为空集。显然，可辨识矩阵元素中是否包含空集元素可以作为判定决策表系统中是否包含不一致（冲突）信息的依据。

定义 6.9：令信息系统为 $S = <U, R, V, f>$，$A = \{a_i \mid i = 1, \cdots, m\}$ 是属性集，$U = \{x_1, x_2, \cdots, x_n\}$ 是论域，$a_i(x_j)$ 是样本 x_j 在属性 a_i 上的取值。$M(i, j)$ 表示经过扩充的可辨识矩阵中第 i 行 j 列的元素，则经过扩充的可辨识矩阵 M 定义为

$$M(i, j) = \{a_k \mid a_k \in A \wedge a_k(x_i) \neq a_k(x_j) \wedge a_k(x_i) \neq^* \wedge a_k(x_j) \neq^*\},$$

其中，$i, j = 1, \cdots, n$；* 表示遗失值

定义 6.10：令信息系统为 $S = <U, R, V, f>$，$A = \{a_i \mid i = 1, \cdots, m\}$ 是属性集，设 $x_i \in U$，则对象遗失属性集 MAS 对象 x_i 的无差别对象集 NS_i 和信息系统 S 的遗失对象集 MOS 分别定义为

$$MAS_i = \{a_k \mid a_k(x_i) = {}^*, \ k = 1\cdots m\};$$

$$NS_i = \{j \mid M(i, j) = \varphi, \ i \neq j, \ j = 1\cdots n\};$$

$$MOS = \{j \mid MAS_i \neq \varphi, \ i = 1\cdots n\},$$

设初始信息系统为 S^0, 对象集为 $\{x_i^0\}$, 相应的扩充可辨识矩阵为 $\boldsymbol{M}^0$, x_i 的遗失属性集为 MAS_i^0, 无差别对象集为 NS_i^0; 第 r 次完整化分析后的信息系统为 S^r, 对象集为 $\{xi^r\}$, 相应的扩充可辨识矩阵为 $\boldsymbol{M}^r$, x_i 的遗失属性集为 MAS_i^r, 无差别对象集为 NS_i^r。

定理 6.1: 设 $\boldsymbol{M}^{r+1} = (\boldsymbol{M}^{r+1}(i, j))_{n \times n}$, $r = 0, 1, 2, \cdots$, 则 $\boldsymbol{M}^{r+1}(i, j)$ 计算如下:

① 如果 $MAS_i^r \cup MAS_j^r = \phi$, 则 $\boldsymbol{M}^{r+1}(i, j) = \boldsymbol{M}^r(i, j)$

② 否则, 设 $k \in MAS_i^r \cup MAS_j^r$, 有

$$\boldsymbol{M}^{r+1}(i, j) = \begin{cases} \boldsymbol{M}^r(i, j) \cup \{k\}, \ \text{若} ((a_k(x_i^{r+1}) \neq {}^*) \wedge a_k(x_j^{r+1}) \neq {}^* \wedge a_k(x_i^{r+1}) \neq a_k(x_j^{r+1})); \\ \boldsymbol{M}^r(i, j), \text{否则} \end{cases}$$

由此定理, 当计算好初始的扩充可辨识矩阵后, 在计算新的信息系统所对应的扩充可辨识矩阵时, 不必重新计算, 而只需计算上次可辨识矩阵中由于遗失值的填补而引起的局部元素值的修改, 从而大大简化了计算复杂性。

2) 基于 Rough 集理论的不完备数据分析方法 (ROUSTIDA)

输入: 不完备信息系统 $S^0 = <U^0, R, V, f^0>$;

输出: 完备的信息系统 $S^r = <U^r, R, V, f^r>$;

步骤 1: 计算初始可辨识矩阵 $\boldsymbol{M}^0$, MAS_i^0 和 MOS^0; 令 $r = 0$;

步骤 2:

① 对于所有 $i \in MOS^r$, 计算 NS_i^r;

② 产生 S^{r+1}

对于 $i \notin MOS^r$ 有 $a_k(x_i^{r+1}) = a_k(x_i^r)$, $k = 1, 2, \cdots, m$;

对于所有 $i \in MOS^r$, 对所有 $k \in MAS_i^r$ 作循环:

① 如果 $\mid NS_i^r \mid = 1$, 设 $j \in NS_i^r$, 若 $a_k(x_j^r) = {}^*$, 则 $a_k(x_i^{r+1}) = {}^*$; 否则 $a_k(x_i^{r+1}) = a_k(x_j^r)$

② 否则,

（ⅰ）如存在 j_0 和 $j_1 \in NS_i^r$, 满足

$(a_k(x_{j_0}^r) \neq {}^*) \wedge (a_k(x_{j_1}^r) \neq {}^*) \wedge (a_k(x_{j_1}^r) \neq a_k(x_{j_0}^r))$, 则 $a_k(x_i^{r+1}) = {}^*$

（ⅱ）否则, 如果存在 $j_0 \in NS_i^r$, 满足 $a_k(x_{j_0}^r) \neq {}^*$), 则 $a_k(x_i^{r+1}) = a_k(x_{j_0}^r)$

（ⅲ）否则, $a_k(x_i^{r+1}) = {}^*$

如果 $S^{r+1} = S^r$, 结束循环转步骤 3。

否则, 计算 $\boldsymbol{M}^{r+1}$, MAS_i^{r+1} 和 MOS^{r+1}; $r = r + 1$; 转步骤 2。

步骤 3: 如果信息系统还有遗失值, 可用取属性值中平均值 (数字型) 或出现频率最高的值 (符号型) 的方法处理 (当然, 也可用其他方法);

步骤 4: 结束

粗糙集 (Rough Set) 理论是由波兰华沙理工大学 Pawlak 教授于 20 世纪 80 年代初提

出的一种研究不完整、不确定知识和数据的表达、学习、归纳的理论方法，其主要思想是在保持分类能力不变的前提下，通过知识约简，导出问题的决策或分类规则。目前，粗糙集理论已经在机器学习、决策分析、过程控制、模式识别与数据挖掘等方面得到了较为成功的应用。

6.5 模糊计算技术

1965 年，美国加州大学伯克莱分校 L. Zadeh 教授发表了著名的论文"Fuzzy Sets"（模糊集），开创了模糊理论。其基本思想是：经典集合理论中，元素隶属于某一个集合的划分是确定的，即要么属于某个集合、要么不属于这个集合。模糊集合理论对元素和集合之间的关系提出了新的定义，即在元素和集合之间的关系除了前两种划分之外，还存在另外一种关系：在某种程度上属于此集合。属于此集合的数值程度称为隶属度，数值的取值范围为 $[0, 1]$。

利用模糊属性模型对信息进行描述，对对象及对象的上下近似空间进行模糊表示。主要应用在自动控制、模式识别和决策推理系统、预测、智能系统设计、智能机器人、图像处理与识别等领域。

6.5.1 模糊集合

在不同程度上具有某种特定属性的所有元素的总和称为模糊集合。模糊集合的基本思想就是把经典集合中的隶属关系加以扩充，将元素对"集合"的隶属程度由只能取 0 和 1 这两个值推广到取单位闭区间 $[0, 1]$ 上的任意数值，从而实现定量地刻画模糊对象。

隶属函数用 $\mu_A(x)$ 表示，其中 A 表示模糊集合，隶属函数满足条件：

$$0 \leqslant \mu_A(x) \leqslant 1 。$$

6.5.2 模糊集合的表示方法

定义 1：设 U 是论域，$\mu_A(u)$ 是把任意 $u \in U$ 映射到区间 $[0, 1]$ 上某个值的函数，即

$$\mu_A: U \rightarrow [0, 1]$$
$$u \rightarrow \mu_A(u)$$

则称 μ_A 为定义在 U 上的隶属函数，由 $\mu_A(u)(u \in U)$ 所构成的集合 A 称为 U 上的一个模糊集，μ_A 表示 u 属于模糊子集 A 的隶属度。

模糊集合 A 是个抽象的概念，其元素是不确定的，只能通过隶属函数 μ_A 认识和掌握 A，$\mu_A(u)$ 的值越接近 1，表示 u 隶属于 A 的程度越高，$\mu_A(u)$ 的值越接近 0，表示 u 隶属于 A 的程度越低。

1）Zadeh 表示法

若给定有限论域 U，且 $U = \{u_1, u_2, \cdots, u_n\}$，用 $A(u)$ 代替 $\mu_A(u)$，则 U 上的模糊集合 A 可表示为：

$$A = \sum_{i=1}^{n} \frac{A(u_i)}{u_i} = \frac{A(u_1)}{u_1} + \frac{A(u_2)}{u_2} + \cdots + \frac{A(u_n)}{u_n}$$

其中+是集合项的累积分隔符,分母表示论域 U 中的元素,分子表示该元素相应的隶属度。隶属度为 0 的项可以不列出。

2）序偶表示法

如考虑论域 $U = \{1, 2, 3, \cdots, 10\}$ 上"大"、"小"两个模糊概念,并分别用模糊集合 A、B 表示如下:

$$A = \{(4, 0.2), (5, 0.4), (6, 0.5), (7, 0.7), (8, 0.9), (9, 1), (10, 1)\}$$
$$B = \{(1, 1), (2, 0.9), (3, 0.6), (4, 0.4), (5, 0.2), (6, 0.1)\}$$

3）向量表示法

$$A = (A(u_1), A(u_2), \cdots, A(u_n))$$

将以上"大"、"小"两个模糊集合用向量表示如下:

$$A = (0, 0, 0, 0.2, 0.4, 0.5, 0.7, 0.9, 1, 1)$$
$$B = (1, 0.9, 0.6, 0.4, 0.2, 0.1, 0, 0, 0, 0)$$

6.5.3　模糊集合的运算

定义 2: 设 U 为论域,A 和 B 是 U 上的两个模糊集合,则有以下运算:

1）包含运算

如果对任意 $u \in U$, 都有:$A(u) \leq B(u)$, 则称 A 包含于 B,或称 B 包含 A,记为 $A \subseteq B$, 即

$$A \subseteq B \Leftrightarrow A(u) \leq B(u) \qquad \forall u \in U$$

2）相等

如果 $A \subseteq B$ 且 $B \subseteq A$, 则称 A 与 B 相等,记为 $A = B$, 即

$$A = B \Leftrightarrow A(u) = B(u), \qquad \forall u \in U$$

3）并运算

A 与 B 的并记作 $A \cup B$, 其隶属函数为

$$A \cup B: \quad (A \cup B)(u) = A(u) \vee B(u) = \max\{A(u), B(u)\}$$

其中 $\vee$ 表示取上确界。

4）交运算

A 与 B 的交记作 $A \cap B$, 其隶属函数为

$$A \cap B: \quad (A \cap B)(u) = A(u) \wedge B(u) = \min\{A(u), B(u)\}$$

其中 $\wedge$ 表示取下确界。

5）补运算

A 的补模糊集合记作 A',其隶属函数为

$$A': \quad A'(u) = 1 - A(u)$$

模糊集运算的基本定律：

（1）幂等律　　$A \cup A = A, \quad A \cap A = A$。

（2）交换律　　$A \cup B = B \cup A, \quad A \cap B = B \cap A$。

（3）结合律　　$A \cup (B \cup C) = (A \cup B) \cup C$

　　　　　　　　$A \cap (B \cap C) = (A \cap B) \cap C$。

（4）分配律　　$A \cup (B \cap C) = (A \cup B) \cap (A \cup C)$

　　　　　　　　$A \cap (B \cup C) = (A \cap B) \cup (A \cap C)$。

（5）同一律　　$A \cap U = A, \quad A \cup \Phi = A$。

（6）吸收律　　$A \cap (A \cup B) = A, \quad A \cup (A \cap B) = A$。

（7）德·摩根律　　$(A \cap B)' = A' \cup B'$

　　（对偶律）　　$(A \cup B)' = A' \cap B'$。

（8）互补律　　$A' \cup A = U, \quad A' \cap A = \Phi$。

6.5.4　隶属函数

在模糊集合研究中的一个根本问题是如何决定一个明确的隶属函数，隶属函数没有固定的建立方法，通常由感觉、以往的经验、统计归纳、推理等方法决定，有 6 种比较普遍使用的隶属函数：

（1）线性隶属函数：$\mu_{\tilde{A}}(x) = 1 - kx$。

（2）Γ 隶属函数：$\mu_{\tilde{A}}(x) = \mathrm{e}^{-kx}$。

（3）凹（凸）形隶属函数：$\mu_{\tilde{A}}(x) = 1 - ax^{k}$。

（4）柯西隶属函数：$\mu_{\tilde{A}}(x) = 1/(1 + kx^{2})$。

（5）岭形隶属函数：$\mu_{\tilde{A}}(x) = 1/2 - (1/2)\sin\{[\pi/(b - a)][x - (b - a)/2]\}$。

（6）正态（钟形）隶属函数：$\mu_{\tilde{A}}(x) = \exp[-(x - a)^{2}/2b^{2}]$。

6.5.5　模糊模式识别

1. 最大隶属原则

定义 3： 设论域 U 上 n 个模糊集 $A_i(i = 1, 2, \cdots, n)$ 为 n 个标准模式，任取 $u_0 \in U$，若存在 $i \in \{1, 2, \cdots, n\}$，使得

$$A_i(u_0) = \bigvee_{j=1}^{n} A_j(u_0)$$

则称 u_0 相对地属于 A_i

2. 择近原则

定义 4： 设论域 U 上 n 个模糊集 $A_i(i = 1, 2, \cdots, n)$ 为 n 个标准模式，有 U 上的模糊集 B 为待识别对象，若存在 $i \in \{i = 1, 2, \cdots, n\}$，使得

$$N(A_i, B) = \max_{1 \leqslant j \leqslant n} \{N(A_j, B)\}$$

则称 B 与 A_i 最贴近,并判定 B 与 A_i 一类。这里采用格贴近度 $N(A, B)$。

6.6　云模型理论

用概念的方法来表示知识的不确定性,比数学方式的表达更容易理解和具有普适性。云模型理论建立了定性定量的不确定转换模型,从而将定性的概念和定量的数值进行不确定性转换。从而在使用自然语言来表述定性知识的同时反映了语言的不确定性。

1. 云和云滴的概念

设 U 是一个有精确数值的定量论域,C 是论域 U 上的定性概念,若定量值 $x \in U$,且定量值 x 是定性概念 C 的一次随机实现,记 $\mu(x) \in [0, 1]$ 为 x 对 C 的确定度:

$$\mu: U \rightarrow [0, 1] \forall x \in U \quad x \rightarrow \mu(x)$$

则 x 在论域 U 上的分布就称为云(Cloud),每个 x 称为一个云滴。定量值 x 对定性概念 C 的随机实现为概率意义上的实现;x 对 C 的确定度是模糊集理论中的隶属度,同时这个确定度又是一个概率的分布,而不是不变的数值;云由大量的云滴组成,云滴之间都是随机出现,是无序的,一个云滴知识定性的概念的一次实现,云滴的数量多少决定了反应定性概念整体特征的强度大小。一般我们使用 (x, μ) 的联合分布来表达定性概念 C,记为 $C(x, \mu)$。

云模型是将用语言值表示的定性概念与其相对的定量数值表示之间的不确定转换模型,充分反映了自然语言概念的不确定性。云模型从自然语言的基本语言值切入,给出了定性概念的量化方式。将定性概念转换成论域中相对应的点集。对于特定的某个点,可以借助概率密度函数来表述。云滴的确定度具有模糊性,同时也具有随机性,同样的也可以使用概率密度函数表述。

2. 云的数字特征

云的数字特征充分反映了定性概念的整体特征。一般的,云模型使用期望 Ex(Expected value)、熵 En(Entropy)、超熵 He(Hyper entropy)3 个数字特征来整体表示定性的概念。

期望 Ex:云滴在论域空间 C 的分布的数学期望,标定了云的重心位置即云的中心值。就是最具有代表性的定性概念的点,也是具有最典型样本的概念。

熵 En:对定性概念的度量的不确定习惯,由概念的随机性和模糊性共同决定,一方面熵是定性概念的随机度量,描述了该定性概念对应的云滴的离散程度;另一方面又是此定性概念隶属度的描述,表示云滴在论域空间中可以反映概念的取值范围。

超熵 He:对熵进行不确定性度量,对熵进行求熵。具体数值由熵的随机性和模糊性共同决定。

概率理论中用期望,方差来反映随机性的数字特征,但是没有涉及知识的模糊性;隶属度对于知识的模糊性进行了数学刻画,但是排除了知识的随机性;粗糙集在基于准确知识前提下使用两个精确的集合来描述了不确定性,但是没有考虑到背景知识的不确定性。

3. 正向正态云发生器及算法

正态分布是概率理论中的重要分布,一般用均值和方差表示;在模糊集理论中使用率较高的隶属函数是钟形隶属函数，表示为：

$$\mu(x) = \exp\left[-(x-a)^2/2b^2 \right]$$

正态云模型是在正态分布和钟形隶属函数的基础上发展起来的模型。

正向正态云发生器表示了从定性到定量的映射，根据云的数字特征 (Ex, En, He) 产生云滴，定义如下：

令 U 是一个有精确数值的定量论域，C 是论域 U 上的定性概念，U 中有定量值 $x \in U$，且定量值 x 是定性概念 C 的一次随机实现，当 x 在论域 U 上的分布被称为正态云时，必须满足：$x \sim N(Ex, En^2)$，其中 $En' \sim N(En, He^2)$，且 x 对于 C 的确定度满足：

$$\mu = e^{-\frac{(x-Ex)^2}{2(En')^2}}$$

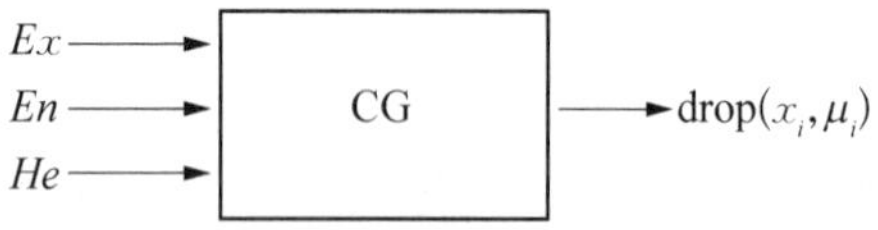

图 6 – 14　正向正态云发生器

正向正态云发生器如图 6 – 14 所示。

具体算法流程如下：

Input：数字特征 (Ex, En, He)，生成云滴的个数 n

Output：n 个云滴 x 机器确定度 μ（表示为 $\text{drop}(x_i, \mu_i)$，$i = 1, 2, \cdots, n$）

（1）生成以 Ex 为期望，He^2 为方差的一个正态随机数 En_i'

（2）生成以 Ex 为期望，$En_i'^2$ 为方差的一个正态随机数 x_i

（3）计算 $\mu_i = e^{-\frac{(x_i - Ex)^2}{2(En_i')^2}}$

（4）具有确定度 μ_i 的 x_i 成为一个云滴

（5）重复步骤 1，直到产生符合要求的 n 个云滴，伪代码如下：

```
Function Cloud(Ex,En,He,n)
For i = 1：n   //设置循环直到产生符合要求的云滴数目
Enn =   randn(1)＊He + En
x(i)=   randn(1)＊Enn + Ex
y(i)=  exp(-(x(i)-Ex)^2/(2＊Enn^2)
End
```

生成的云图如图 6 – 15 所示。

逆向云发生器是将定性概念向定量值机型转换的模型。可以将一定数量的准确数据转换成以数字特征 (Ex, En, He) 表示的定性概念，如图 6 – 16 所示。

具体算法流程如下：

Input：样本点 x_i

Output：反映定性概念的数字特征值 (Ex, En, He)

算法步骤：

① 根据 x_i 计算：

输入数据的样本均值 $\overline{X} = \dfrac{1}{n}\sum\limits_{i=1}^{n} x_i$ 并将结果赋值给变量 a

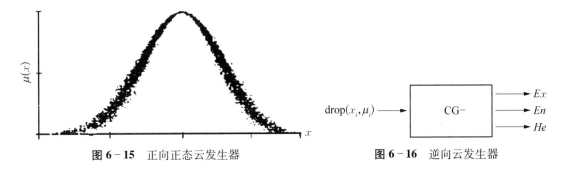

图 6-15　正向正态云发生器　　　　　图 6-16　逆向云发生器

一阶样本绝对中心矩 $\dfrac{1}{n}\sum\limits_{i=1}^{n} \mid x_i - \overline{X} \mid$ 并将结果赋值给 b

样本方差 $S^2 = \dfrac{1}{n-1}\sum\limits_{i=1}^{n}(x_i - \overline{X})^2$

② $Ex = a$，$En = b$，$He = \sqrt{S^2 - En^2}$

③ 输出

误差分析：给定的样本点越多，逆向云发生器的算法误差就越小。

6.7　支持向量机

Vapnik 提出的支持向量机（Support Vector Machine，SVM）以训练误差作为优化问题的约束条件，以置信范围值最小化作为优化目标，即 SVM 是借助于最优化方法解决机器学习的问题的新工具，是一种基于结构风险最小化准则的学习方法，在解决小样本、非线性和高维模式识别问题中有较大优势，并能够推广应用到函数拟合等其他机器学习问题中，其推广能力明显优于一些传统的学习方法。

支持向量机是使用训练实例的一个子集来表示决策边界，这个子集称为支持向量。

图 6-17 给定一个数据集，包含属于两个不同类的样本，分别用方块和圆圈表示。能否找到这样一个线性超平面（决策边界），使得所有的方块位于这个超平面的一侧，而所有的圆圈位于它的另一侧？

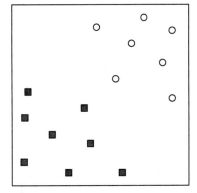

图 6-17　线性可分数据集

SVM 考虑寻找一个满足分类要求的超平面，并且使训练集中的点距离分类面尽可能地远，也就是寻找一个分类面使它两侧的空白区域最大。两类样本中离分类面最近的点且平行于最优分类面的 2 个超平面上的训练样本就称作支持向量。

图 6-18 中决策边界 B_1 和 B_2 都可以使得方块和圆圈分开，哪一个更好一些通常引入泛化误差来比较。

具有较大边缘的决策边界比那些具有较小边缘的决策边界具有更好的泛化误差。

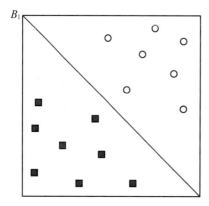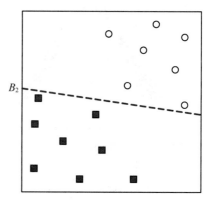

图 6 - 18 线性可分数据集两种决策边界

直觉上,如果边缘比较小,界上任何轻微的扰动都可能对分类产生显著的影响。因此,那些决策边界较小的分类器对模型的拟合更加敏感,从而在未知的样本上泛化能力很差。

统计学理论给出了线性分类器边缘与其泛化误差之间关系的形式化解释,这种理论称为结构风险最小化理论。

结构风险最小化理论明确地给出,在概率 $1 - \eta$ 的情况下,分类器的泛化误差在最坏的情况下满足:

$$R \leqslant R_\mathrm{e} + \varphi\left(\frac{h}{N} \cdot \frac{\log(\eta)}{N}\right)$$

然而,依据结构风险最小化理论,随着能力的增加,泛化误差的上界也随之增加。因此,需要设计最大化决策边界的边缘的线性分类器,以确保最坏情况下的泛化误差最小。

线性模型的能力与它的边缘逆相关。即具有较小边缘的模型具有较高的能力,因为与具有较大边缘的模型不同,具有较小边缘的模型更灵活,能拟合更多的训练集。线性 SVM 就是这样的分类器。

6.7.1 线性分类

考虑一个包含 N 个训练样本的二元分类问题。每个样本表示为一个二元组 $\{x_i, y_i\}$,$i = 1, 2, 3, \cdots, N$,其中 $X_i = \{x_{i1}, x_{i2}, \cdots, x_{id}\}^\tau$,对应于第 i 个样本的属性集。为方便计算,令 $y_i \in \{-1, 1\}$ 表示它的类标号。

$$\vec{w} \cdot \vec{x} + b = -1$$

最大化边缘 d:$d = \dfrac{2}{\parallel \vec{w} \parallel}$

等价于对以下目标函数最小化:$L(w) = \dfrac{\parallel \vec{w} \parallel^2}{2}$

受限于:$y_i = \begin{cases} 1, & \vec{w} \cdot \vec{x} + b \geqslant 1_i \\ -1, & \vec{w} \cdot \vec{x} + b \leqslant -1 \end{cases}$

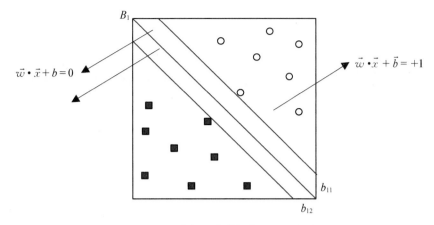

图 6 - 19 线性可分数据集边界和边缘

这是一个凸优化问题,可以通过标准的拉格朗日乘子来解决。

6.7.2 核函数

低维空间线性不可分的模式通过非线性映射到高维特征空间则可能实现线性可分,但是如果直接采用这种技术在高维空间进行分类或回归,则存在确定非线性映射函数的形式和参数、特征空间维数等问题,甚至出现"维数灾难"。采用核函数技术可以有效地解决此问题。SVM 中不同的内积核函数将形成不同的算法,主要的核函数有三类:

(1)多项式核函数:

$$K(x, x_i) = \left[(x \cdot x_i) + 1 \right]^q,$$

(2)径向基函数:

$$K(x, x_i) = \exp\left(- \frac{|x - x_i|^2}{\sigma^2} \right),$$

(3)S 形函数:

$$K(x, x_i) = \tan h(v(x \cdot x_i) + c),$$

6.7.3 SVM 的应用

近年来 SVM 方法已经在图像识别、信号处理和基因图谱识别等方面得到了成功的应用,显示了它的优势。SVM 通过核函数实现到高维空间的非线性映射,所以适合于解决本质上非线性的分类、回归和密度函数估计等问题。支持向量方法也为样本分析、因子筛选、信息压缩、知识挖掘和数据修复等提供了新工具。

第7章 分布式人工智能和 Agent 技术

7.1 分布式人工智能

分布式人工智能(Distributed Artificial Intelligence,DAI)的研究始于 20 世纪 70 年代末,主要研究在逻辑上或物理上分散的智能系统如何并行地、相互协作地实现问题求解。

其特点是:

(1)系统中的数据、知识以及控制,不但在逻辑上而且在物理上分布的,既没有全局控制,也没有全局的数据存储。

(2)各个求解机构由计算机网络互连,在问题求解过程中,通信代价要比求解问题的代价低得多。

(3)系统中诸机构能够相互协作,来求解单个机构难以解决,甚至不能解决的任务。

分布式人工智能的实现克服了原有专家系统、学习系统等弱点,极大提高知识系统的性能,可提高问题求解能力和效率,扩大应用范围、降低软件复杂性。

其目的是在某种程度上解决计算效率问题。它的缺点在于假设系统都具有自己的知识和目标,因而不能保证它们相互之间不发生冲突。

近年来,基于 Agent 的分布式智能系统已成功地应用于众多领域。

7.2 Agent 系统

Agent 提出始于 20 世纪 60 年代,又称为智能体、主体、代理等。受当时的硬件水平与计算机理论水平限制,Agent 的能力不强,几乎没有影响力。从 80 年代末开始,Agent 理论、技术研究从分布式人工智能领域中拓展开来,并与许多其他领域相互借鉴及融合,在许多领域得到了更为广泛的应用。M. Minsky 曾试图将社会与社会行为的概念引入计算机中,并把这样一些计算社会中的个体称为 Agent,这是一个大胆的假设,同时是一个伟大的、意义深远的思想突破,其主要思想是"人格化"的计算机抽象工具,并具有人所有的能力、特性、行为,甚至能够克服人的许多弱点等。90 年代,随着计算机网络以及基于网络的分布计算的发展,对于 Agent 及多 Agent 系统的研究,已逐渐成为人工智能领域的一个新的研究热点,也成为分布式人工智能的重要研究方向。目前,对于 Agent 系统的研究正在蓬勃的发展可分为基于符号的智能体研究和基于行为主义的智能体研究。

7.2.1　Agent 的基本概念及特性

研究者们给出了各种 Agent 的定义,简单地说,Agent 是一种实体,而且是一种具有智能的实体。

其中,M. Wooldridge 等人对 Agent 给予了两种不同的定义:一是弱定义;二是强定义。

弱定义认为,Agent 是用来表示满足自治性、社交性、反应性和预动性等特性的,一个基于硬件、软件的计算机系统。

强定义认为,除了弱定义中提及的特性外,Agent 还具有某些人类的诸如知识、信念、意图、义务、情感等特性。

Agent 的主要特性如下:

(1) 自治性。Agent 不完全由外界控制其执行,也不可以由外界调用,Agent 对自己的内部状态和动作有绝对的控制权,不允许外界的干涉。

(2) 社会性。Agent 拥有其他 Agent 的信息和知识,并能够通过某种 Agent 通信语言与其他 Agent 进行信息交换。

(3) 反应性。指 Agent 利用其事件感知器感知周围的物理环境、信息资源、各种事件的发生和变化,并能够调整自身的内部状态作出最优的适当的反应,使整个系统协调地工作。

(4) 针对环境性。Agent 必须是"针对环境"的,在某个环境中存在的 Agent 换了一个环境有可能就不再是 Agent 了。

(5) 理性。Agent 自身的目标是不冲突的,动作也是基于目标的,自己的动作不会阻止自己的目标实现。

(6) 自主性。指 Agent 是在协同工作环境中独立自主的行为实体。Agent 能够根据自身内部的状态和外界环境中的各种事件来调节和控制自己的行为,使其能够与周围环境更加和谐地工作,从而提高工作效率。

(7) 主动性。Agent 能主动感知周围环境的变化,并作出基于目标的行为。

(8) 代理性。若当前内部状态和周围事件适合某种条件,Agent 就能代表用户有效地执行相应的任务,Agent 还能对一些使用频率较高的资源进行"封装",引导用户对这些资源进行访问,成为用户通向这些资源的"中介"。此时,Agent 就充当了人类助手的角色。

(9) 独立性。Agent 可以看成是一个"逻辑单位"的行为实体,成为协同系统中界限明确、能够被独立调用的计算实体。

(10) 认知性。Agent 能够根据当前状态信息,知识库等进行推理、决策、评价、指南、改善协商、辅助教学等,以保证整个系统以一种有目的与和谐的方式行动。

(11) 交互性。对环境的感知,并通过行为改变环境。并能以类似人类的工作方式和人进行交互。

(12) 协作性。通过协作提高多 Agent 系统的性能。聚焦于待求解问题最相关的信息等手段合作最终来共同实现目标。

（13）智能性。Agent 根据内部状态，针对外部环境，通过感知器和执行器执行感知—推理—动作循环，这可通过人工智能程序设计或机器学习两种方式获得。

（14）继承性。沿用了面向对象中的概念对 Agent 进行分类，子 Agent 可以继承其父 Agent 的信念事实，属性等。

（15）移动性。Agent 能根据事务完成的需要相应地移动物理位置。

（16）理智性。Agent 能信守承诺，总是尽力实现自己的目标，为实现目标而主动采取行动。

（17）自适应性。Agent 能够根据以前的经验校正其行为。

（18）忠诚性。Agent 的通信从不会故意提供错误信息、假信息。

（19）友好性。Agent 之间不存在互相冲突的目标，总是尽力帮助其他 Agent。

根据以上的讨论，可以给出一个 Agent 的简单定义：Agent 是分布式人工智能中的术语，它是异质协同计算环境中能够持续完成自治、面向目标的软件实体。Agent 最基本的特性是反应性、自治性、面向目标性和针对环境性，在具有这些性质的基础上再拥有其他特性，以满足研究者们的不同需求。

7.2.2　Agent 的分类及能力

1. Agent 的分类

对 Agent 的分类需要从多方面考虑。

首先，从建造 Agent 的角度出发，单个 Agent 的结构通常分为思考型 Agent、反应型 Agent 和混合型 Agent。

思考型 Agent 的最大特点就是将 Agent 视为一种意识系统，即通过符号 AI 的方法来实现 Agent 的表示和推理。人们设计的基于 Agent 系统的目的之一是把他们作为人类个体和社会行为的智能代理，那么 Agent 就应该（或必须）能模拟或表现出被代理者具有的所谓意识态度，如信念、愿望、意图（包括联合意图）、目标、承诺、责任等。典型工作有由 Bratman 提出的、此后逐渐形成的著名的 BDI 模型。

符号 AI 的特点和种种限制给思考型 Agent 带来了很多尚未解决、甚至根本无法解决的问题，这就导致了反应型 Agent 的出现。反应型 Agent 的支持者认为，Agent 不需要知识、不需要表示、不需要推理、可以进化，它的行为只能在世界与周围环境的交互作用中表现出来，它的智能取决于感知和行动，从而提出了 Agent 智能行为的"感知—动作"模型。

从反应型 Agent 能及时而快速地响应外来信息和环境的变化，但智能低，缺乏灵活性；思考型 Agent 具有较高的智能，但对信息和环境的响应较慢，而且执行效率低，混合型 Agent 综合了两者的优点，已成为当前的研究热点。

根据问题求解能力还可以将 Agent 分为反应 Agent、意图 Agent、社会 Agent。

根据 Agent 的特性和功能可分为合作 Agent、界面 Agent、移动 Agent、信息/Internet Agent、反应 Agent、灵巧 Agent、混合 Agent 等：

根据 Agent 的应用可将 Agent 分为软件 Agent、智能 Agent、移动 Agent 等。

2. Agent 的能力

随着技术的成熟，待解决的问题越来越复杂。在许多应用中，要求计算机系统必须具有决策能力，能作出判断。到目前为止，AI 研究人员已建立理论、技术和系统以研究和理解单

Agent 的行为和推理特性。如果问题特别庞杂或不可预测,那么能合理地解决该问题的唯一途径是建立多个具有专门功能的模块组件(即 Agents),各自解决某一种特定问题。如果有互相依赖的问题出现,系统中的 Agent 就必须合作以保证能有效控制互相依赖性。具体来说 Agent 的能力有:社交能力、学习能力、决策能力、预测能力。

此外,Agent 还有表达知识的能力和达到目标、完成计划的能力等。

3. Agent 研究的基本问题

Agent 系统研究的问题主要有三个方面:Agent 理论、Agent 体系结构、Agent 语言。

1) Agent 理论

Agent 的理论研究可追溯到 20 世纪 60 年代,当时的研究侧重于讨论作为信息载体的 Agent 在描述信息和知识方面所具有的特性。直到 80 年代后期,由于 Agent 技术的广泛使用以及在实际应用中面临的种种问题,Agent 的理论研究才得到人们重视,前些年提出的关于思维状态的推理和关于行动的推理等研究是关于 Agent 研究的重要起点。Agent 理论研究要解决三方面的问题:① 什么是 Agent;② Agent 有哪些特性;③ 如何采用形式化的方法描述和研究这些特性。Agent 理论的研究旨在澄清 Agent 的概念,分析、描述和验证 Agent 的有关特性,从而来指导 Agent 体系结构和 Agent 语言的设计和研究,促进复杂软件系统的开发。

Agent 的特性中含有信念、愿望、目的等意识化的概念,这是经典的逻辑框架无法表示的,于是研究人员提出了新的形式化系统,以期从语义和语法两方面进行改进。语义方面主要是可能世界状态集和状态之间的可达关系,并把世界语义和一致性理论结合为有力的研究工具。在可能世界语义中,一个 Agent 的信念、知识、目标等都被描绘成一系列可能世界语义,它们之间有某种可达关系。可能世界语义可以和一致性理论相结合,使之成为一种引人注目的数学工具,但是,它也有许多相关的困难。

2) Agent 体系结构

在计算机科学中,体系结构指功能系统中不同层次结构的抽象描述,它和系统不同的实现层次相对应。Agent 的体系结构也主要描述 Agent 从抽象规范到具体实现的过程。这方面的工作包括如何构造计算机系统以满足 Agent 理论家所提出的各种特性,什么软硬件结构比较合适(如何合理划分 Agent 的目标)等。Agent 的体系结构一般分为两种:主动式体系结构和反应式体系结构。

3) Agent 的语言

Agent 语言的研究涉及如何设计出遵循 Agent 理论中各种基本原则的程序语言,包括如何实现语言、Agent 语言的基本单元、如何有效地编译和执行语言程序等。至少 Agent 语言应当包含与 Agent 相关的结构。Agent 语言还应当包含一些较强的 Agent 特性,如信念、目标、能力等。Agent 的行为(包括通知、请求、提供服务、接受服务、拒绝、竞争、合作等)借鉴了言语行为(Speech Act)理论的部分概念,可以表达出同一行为在不同环境下的不同效果。KQML(Knowledge Query Manipulation Language)是目前被广泛承认和使用的 Agent 通信语言和协议,它是基于语言行为理论的消息格式和消息管理协议。KQML 的每则消息分为内容、消息和通信三部分。它对内容部分所使用的语言没有特别限定。Agent 在消息部分规定消息意图、所使用的内容语言和本体论。通信部分设置低层通信参数,如消息收发者标识符、消息标识符等。

7.3 多 Agent 系统

7.3.1 多 Agent 系统的基本概念及特性

多 Agent 系统(Multi-Agent System,MAS)是指一些智能 Agent 通过协作完成某些任务或达到某些目标的计算系统,它协调一组自治 Agent 的智能行为,在 Agent 理论的基础上重点研究多个 Agent 的联合求解问题,协调各 Agent 的知识、目标、策略和规划,即 Agent 互操作性,内容包括 MAS 的结构、如何用 Agent 进行程序设计(AOP),以及 Agent 间的协商和协作等问题。

分布式人工智能的产生和发展为 MAS 提供了技术基础。到了 20 世纪 80 年代中期,DAI 的研究重点逐渐转到 MAS 的研究上了。Actors 模型是多 Agent 问题求解的最初模型之一,接着是 Davis 和 Smith 提出的合同网协议。

MAS 的特点主要包括:

① 每个 Agent 拥有求解问题的不完全的信息或能力,即每个 Agent 的信息和能力是有限的;

② 没有全局系统控制;

③ 数据的分散性;

④ 计算的异步性;

⑤ 开放性(任务的开放性、系统的开放性、问题求解的开放性);

⑥ 分布性;

⑦ 动态适应性。

除了具有 Agent 系统的个体 Agent 的基本特点外,还有以下特点:

(1) 社会性:Agent 可能处于由多个 Agent 构成的社会环境中,Agent 拥有其他 Agent 的信息和知识,并能通过某种 Agent 通信语言与其他 Agent 实施灵活多样的交互和通信,实现与其他 Agent 的合作、协同、协商、竞争等,以完成自身的问题求解或者帮助其他 Agent 完成相关的活动。

(2) 自治性:在 MAS 中一个 Agent 发出服务请求后,其他 Agent 只有在同时具备提供此服务的能力与兴趣时,才能接受动作委托。因此,一个 Agent 不能强制另一个 Agent 提供某项服务。

(3) 协作性:在 MAS 中,具有不同目标的各个 Agent 必须相互工作、协同、协商未完成问题的求解,通常的协作有:资源共享协作、生产者/消费者关系协作、任务/子任务关系协作等。

7.3.2 多 Agent 系统的研究内容

MAS 是一个松散耦合的 Agent 网络,这些 Agent 通过交互解决超出单个 Agent 能力或知识的问题。目前,MAS 研究的主要方面包括:MAS 理论、多 Agent 协商和多 Agent 规划等,其他比较热门的 MAS 研究还包括 MAS 在 Internet 上的应用、移动 Agent 系统、电子商务、基于经济学或市场学的 MAS 等。

1）多 Agent 系统理论

MAS 的研究是以单 Agent 理论研究为基础的。除单 Agent 理论研究所涉及的内容以外，还包括一些和 MAS 有关的基本规范，主要有如下几点：MAS 的定义；MAS 心智状态，包括与交互有关的心智状态的选择与描述；MAS 应具有哪些特性；这些特性之间具有什么关系；在形式上应如何描述这些特性及其关系；如何描述 MAS 中 Agent 之间的交互和推理；等等。

多 Agent 联合意图。对于 MAS，除了考虑关于单个 Agent 的意识态度的表示和形式化处理等问题，还要考虑多个 Agent 意识态度之间的交互问题，这是 MAS 理论研究的重要部分之一。

2）多 Agent 系统体系结构

体系结构的选择影响异步性、一致性、自主性和自适应性的程度及有多少协作智能存在于单 Agent 自身内部。它决定信息的存储和共享方式，同时也决定体系之间的通信方式。

Agent 系统中有如下几种常见体系结构：

（1）Agent 网络。在这种体系结构中，不管是远距离的还是近距离的 Agent 之间都是直接通信的。

（2）Agent 联盟。联盟不同于 Agent 网络，若干相距较近的 Agent 通过一个称为协助者的 Agent 来进行交互，而远程 Agent 之间的交互和消息发送是由各局部群体的协助者 Agent 协作完成的。

（3）黑板结构。这种结构和联盟系统有相似之处，不同的地方在于黑板结构中的局部 Agent 群共享数据存储——黑板，即 Agent 把信息放在可存取的黑板上，实现局部数据共享。

3）多 Agent 系统协商

MAS 中每个 Agent 都具有自主性，在问题求解过程中按照自己的目标、知识和能力进行活动，常常会出现矛盾和冲突。MAS 中解决冲突的主要方法是协商。协商是利用相关的结构化信息的交换，形成公共观点和规划的一致，即一个自治 Agent 协调它的世界观点、自己及相互动作来达到它目的的过程。

MAS 的协商主要包括：协商协议、协商目标、Agent 的决策模型。

习题

（1）简述 Agent 的定义。

（2）什么是多 Agent 系统。

（3）分布式人工智能有什么特点？

第8章　知识发现与数据挖掘

8.1　知识发现

知识发现是从数据集中抽取和精化新的模式。知识发现的数据来源范围非常广泛,可以是经济、工业、农业、军事、社会、商业、科学的数据或卫星观测得到的数据。数据的形态有数字、符号、图形、图像、声音等。其结果可以表示成各种形式,包括规则、法则、科学规律、方程或概念网等。

"知识"是人们日常生活及社会活动中常用的一个术语,涉及信息与数据。数据是事物、概念或指令的一种形式化的表示形式,以适合于用人工或自然方式进行通信、解释或处理。信息是数据所表达的客观事实。数据是信息的载体,与具体的介质和编码方法有关。信息经过加工和改造形成知识。知识是人类在实践的基础上产生又经过实践检验的对客观实际可靠的反映。一般可分为陈述性知识、过程性知识和控制性知识。

KDD(Knowledge Discovery in Database)——基于数据库的知识发现技术的研究非常活跃。KDD 一词是在 1989 年于美国底特律市召开的 KDD 专题讨论会上正式提出的。1996年,Fayyad、Piatetsky-Shapiro 和 Smyth 对 KDD 和数据挖掘的关系进行了研究和阐述。他们指出,KDD 是识别出存在于数据库中有效、新颖、具有潜在效用、最终可理解的模式的非平凡过程,而数据挖掘则是该过程中的一个特定步骤。但是,随着该领域研究的发展,研究者们目前趋向于认为 KDD 和数据挖掘具有相同的含义,即认为数据挖掘就是从大型数据库的数据中提取人们感兴趣的知识。

知识发现(KDD)与数据挖掘 DM(Data Mining)是人工智能、机器学习与数据库技术相结合的产物。

知识发现的范围非常广泛,可以是从数据库中、文本中、Web 信息中、空间数据中、图像和视频数据中提取知识。数据的结构也可以是多样的,如层次的、网状的、关系的和面向对象的数据。可应用于金融、医疗保健、市场业、零售业、制造业、司法、工程与科学及经纪业和安全交易、计算机硬件和软件、政府和防卫、电信、公司经营管理等众多领域。

8.2　数据挖掘

8.2.1　数据挖掘技术的产生及定义

数据挖掘是一个多学科交叉的研究与应用领域：数据库技术、人工智能、机器学习、神经网络、统计学、模式识别、知识系统、知识获取、信息检索、高性能计算以及可视化计算等广泛的领域。

随着计算机硬件和软件的飞速发展，尤其是数据库技术与应用的日益普及，人们积累的数据越来越多，如何有效利用这一丰富数据的海洋为人类服务，业已成为广大信息技术工作者所关注的焦点之一。激增的数据背后隐藏着许多重要而有用的信息，人们希望能够对其进行更高层次的分析，以便更好地利用它们。与日趋成熟的数据管理技术和软件工具相比，人们所依赖的传统的数据分析工具功能，已无法有效地为决策者提供其决策支持所需要的相关知识，由于缺乏挖掘数据背后的知识的手段，而形成了"数据爆炸但知识贫乏"的现象。为有效解决这一问题，自 20 世纪 80 年代开始，数据挖掘技术逐步发展起来，数据挖掘技术的迅速发展，得益于目前全世界所拥有的巨大数据资源，以及对将这些数据资源转换为信息和知识资源的巨大需求，对信息和知识的需求来自各行各业，从商业管理、生产控制、市场分析到工程设计、科学探索等。

数据挖掘经历了以下发展过程：

20 世纪 60 年代及之前：数据收集与数据库创建阶段，主要用于基础文件处理；

70 年代：数据库管理系统阶段，主要研究网络和关系数据库系统、数据建模工具、索引和数据组织技术、查询语言和查询处理、用户界面与优化方法、在线事务处理等；

80 年代中期：先进数据库系统的开发与应用阶段，主要进行先进数据模型（扩展关系、面向对象、对象关系）、面向应用（空间、时间、多媒体、知识库）等的研究；

80 年代后期至 21 世纪初：数据仓库和数据挖掘蓬勃兴起，主要对先进数据模型（扩展关系、面向对象、对象关系）、面向应用（空间、时间、多媒体、知识库）等的研究。

数据挖掘（Data Mining，DM）是 20 世纪 90 年代在信息技术领域开始迅速兴起的数据智能分析技术，由于其所具有的广阔应用前景而备受关注，作为数据库与数据仓库研究与应用中的一个新兴的富有前途领域，数据挖掘可以从数据库，或数据仓库，以及其他各种数据库的大量各种类型数据中，自动抽取或发现出有用的模式知识。

数据挖掘简单地讲就是从大量数据中挖掘或抽取出知识，数据挖掘概念的定义描述有若干版本，以下给出一个被普遍采用的定义性描述。

数据挖掘，又称数据库中的知识发现（Knowledge Discovery from Database，KDD），是一个从大量数据中抽取挖掘出未知的、有价值的模式或规律等知识的复杂过程。数据挖掘的全过程描述如图 8 - 1 所示。

数据挖掘的主要步骤有：

（1）数据预处理，包括：

2011 年至今：大数据时代，大数据挖掘成为研究热点和新的挑战。

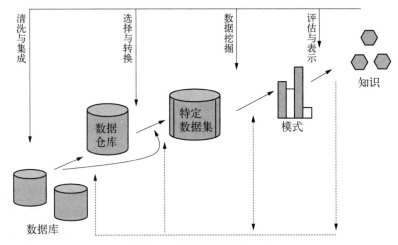

图 8-1 数据挖掘的全过程

数据清洗。清除数据噪声和与挖掘主题明显无关的数据。

数据集成。将来自多数据源中的相关数据组合到一起。

数据转换。将数据转换为易于进行数据挖掘的数据存储形式。

数据消减。缩小所挖掘数据的规模,但却不影响最终的结果。包括:数据立方合计、维数消减、数据压缩、数据块消减、离散化与概念层次生成等。

（2）数据填充。针对不完备信息系统,对缺失值进行填充。

（3）数据挖掘。利用智能方法挖掘数据模式或规律知识。

（4）模式评估。根据一定评估标准,从挖掘结果筛选出有意义的模式知识。

（5）知识表示。利用可视化和知识表达技术,向用户展示所挖掘出的相关知识。

8.2.2 数据挖掘的功能

1）概念描述：定性与对比

获得概念描述的方法主要有以下两种：

（1）利用更为广义的属性,对所分析数据进行概要总结;其中被分析的数据称为目标数据集。

（2）对两类所分析的数据特点进行对比,并对对比结果给出概要性总结,而这两类被分析的数据集分别被称为目标数据集和对比数据集。

2）关联分析

关联分析就是从给定的数据集中发现频繁出现的项集模式知识（又称为关联规则,association rules）。关联分析广泛应用于市场营销、事务分析等应用领域。

3）分类与预测

分类就是找出一组能够描述数据集合典型特征的模型（或函数）,以便能够分类识别未知数据的归属或类别,即将未知事例映射到某种离散类别之一。分类挖掘所获的分类模型主要的表示方法有：分类规则（IF-THEN）、决策树（decision trees）、数学公式（mathematical formulae）和神经网络。

一般使用预测来表示对连续数值的预测,而使用分类来表示对有限离散值的预测。

4）聚类分析

与分类预测方法明显不同之处在于,后者学习获取分类预测模型所使用的数据是已知类别归属,属于有教师监督学习方法,而聚类分析(无论是在学习还是在归类预测时)所分析处理的数据均是无(事先确定)类别归属,类别归属标志在聚类分析处理的数据集中是不存在的。聚类分析属于无教师监督学习方法。

5）异类分析

一个数据库中的数据一般不可能都符合分类预测或聚类分析所获得的模型。那些不符合大多数数据对象所构成的规律(模型)的数据对象就被称为异类。对异类数据的分析处理通常就称为异类挖掘。

数据中的异类可以利用数理统计方法分析获得,即利用已知数据所获得的概率统计分布模型,或利用相似度计算所获得的相似数据对象分布,分析确认异类数据。而偏离检测就是从数据已有或期望值中找出某些关键测度的显著变化。

6）演化分析

对随时间变化的数据对象的变化规律和趋势进行建模描述。这一建模手段包括:概念描述、对比概念描述、关联分析、分类分析、时间相关数据分析(其中又包括:时序数据分析,序列或周期模式匹配,以及基于相似性的数据分析等)。

7）数据挖掘结果的评估

评估一个作为挖掘目标或结果的模式(知识)是否有意义,通常依据以下四条标准:

(1) 易于为用户所理解。

(2) 对新数据或测试数据能够有效确定其可靠程度。

(3) 具有潜在的应用价值。

(4) 新颖或新奇的程度。一个有价值的模式就是知识。

8.2.3　常用的数据挖掘方法

数据挖掘是从人工智能领域的一个分支——机器学习发展而来的,因此机器学习、模式识别、人工智能领域的常规技术,如聚类、决策树、统计等方法经过改进,大都可以应用于数据挖掘。

1）决策树

决策树广泛地使用了逻辑方法,相对较小的树更容易理解。图 8-2 是关于训练数据的决策二叉树。为了分类一个样本集,根节点被测试为真或假的决策点。根据对关联节点的测试结果,样本集被放到适当的分枝中进行考虑,并且这一过程将继续进行。当到达一个决策点时,它存贮的值就是答案。从根节点到叶子的一条路就是一条决策规则。决定节点的路是相互排斥的。

使用决策树,其任务是决定树中的节点和关联的非决定节点。实现这一任务的算法通常依赖于数据的划分,在更细的数据上通过选择单一最好特性来分开数据和重复过程。树归纳方法比较适合高维应用。这经常是最快的非线性预测方法,并常应用动态特性选择。

最早的决策树方法是 1966 年 Hunt 所提出的 CLS 算法,而最著名的决策树学习算法是 Quinlan 于 1979 年提出的 ID3 方法。

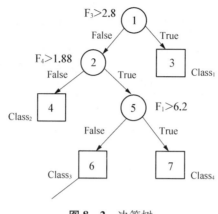

图 8-2 决策树

(1) CLS 算法。CLS 算法的主要思想是从一个空的决策树出发,通过添加新的判定节点来改善原来的决策树,直至该决策树能够正确地将训练例分类为止。

① 令决策树 T 的初始状态只含有一个树根 (X, Q),其中 X 是全体训练实例的集合,Q 是全体测试属性的集合。

② 若 T 的所有节点 (X', Q') 都有如下状态:或者第一个分量 X' 中的训练实例都属于同一个类,或者第二个分量 Q' 为空,则停止学习算法,学习结果为 T。

③ 否则,选取一个不具有步骤(2)所述状态的叶节点 (X', Q')。

④ 对于 Q',按照一定规则选取测试属性 b,设 X' 被 b 不同取值分为 m 个不相交的子集 Xi',$1 \leqslant i \leqslant m$,从 (X', Q') 伸出 m 个分叉,每个分叉代表 b 的一个不同取值,从而形成 m 个新的叶结点 $(Xi', Q'-\{b\})$,$1 \leqslant i \leqslant m$。

⑤ 转步骤②。

(2) ID3 算法。ID3 算法对检测属性的选择给出一种启发式规则,这个规则选择平均信息量(熵)最小的属性 A,因此,又称为最小熵原理。

① 选取整个训练实例集 X 的规模为 W 的随机子集 X1(W 称为窗口规模,子集称为窗口)。

② 以信息熵最小为标准选取每次的测试属性,形成当前窗口的决策树。

③ 顺序扫描所有训练实例,找出当前的决策树的例外,如果没有例外则训练结束。

④ 组合当前窗口中的一些训练实例与某些在(3)中找到的例外形成新的窗口,转(2)。

2) 关联规则方法

关联规则方法是数据挖掘的主要技术之一。关联规则方法就是从大量的数据中挖掘出关于数据项之间的相互联系的有关知识。

关联规则挖掘也称为"购物篮分析",主要用于发现交易数据库中不同商品之间的关联关系。发现的这些规则可以反映顾客购物的行为模式,从而可以作为商业决策的依据。在商业领域得到了成功应用。Apriori 算法是一种经典的生成布尔型关联规则的频繁项集挖掘算法。

如超市的后台数据库会存储大量的消费者每天的购物数据。表 8-1 中的每行对应一个事务,包含了唯一的标识 ID 和消费者购买的物品的集合。超市分析员通常会挖掘这些数据内在的联系,了解超市的消费者的购买行为。挖掘出的有价值的规律可以用来支持各种促销计划,库房的供销管理等。

表 8 - 1　超市购物数据

ID	项　　　　　集
1	{面包,牛奶}
2	{面包,尿布,啤酒,鸡蛋}
3	{牛奶,尿布,啤酒,可乐}
4	{面包,牛奶,尿布,可乐}
5	{面包,牛奶,尿布,啤酒}

这里采用关联分析(association analysis)的方法,用来发现隐藏在大量数据中的潜在的有用联系。所挖掘出来的关系可以用关联规则(association rule)和频繁项集的形式来进行表达。

表 8 - 1 中可以提取出这样的规则:

{尿布}→{啤酒},这条规则说明了尿布和啤酒之间的销售有着很强的联系,因为许多消费者购买尿布的同时也购买了啤酒,销售商可以利用这类规则,增加新的交叉销售的机会。

在对购物篮事务使用关联分析技术时,需要处理两个关键的问题:第一,在大型关系数据库中使用关联分析的计算成本非常高,容易导致维灾难;第二,挖掘出来的关联规则的可信程度如何? 是必然的内在联系还是偶尔出现的小概率事件呢?

定义: 令 $I = \{i_1, i_2, \cdots, i_n\}$ 是购物篮数据集中所有项的集合,$T = \{t_1, t_2, \cdots, t_m\}$ 是所有事务的集合。每个事务 t_i 所包含的项集 i_i 都是集合 I 的子集。像这样包含了 0 个或者 n 个项的集合就被称为项集。项集包含了多少个项,就称为·项集。如包含了 m 项,称为 m -项集。如表中的事务 ID 为 1 的项集{面包,牛奶},是一个 2 -项集。

关联分析挖掘出来的关联规则的一般为具有"$X \rightarrow Y$"形式的蕴涵表达式,其中 $X \subset I$,$Y \subset I$ 并且 $X \cap Y \neq \varnothing$。关联规则的强弱程度一般使用支持度(support)和置信度(confidence)来度量。支持度使得规则度量了给定数据集的频繁程度,表示了一种期望和规则的有用性,如果支持度较高说明规则是经常出现的,较低的支持度说明规则偶然性高,使用价值不大。置信度确定了 Y 在包含了 X 的事务中出现的频繁程度,描述的是关联规则的确定性,置信度越高,相应的 Y 在包含 X 的事务中出现的概率也就越高。关于支持度 s 和置信度 c 的数学定义如下:

$$s(X \rightarrow Y) = \frac{\sigma(X \cup Y)}{m}$$

$$c(X \rightarrow Y) = \frac{\sigma(X \cup Y)}{\sigma(X)}$$

其中 $\sigma(\cdot)$ 称为支持度计数,计算方式为:

$$\sigma(X) = | \{t_i \mid X \subseteq t_i, t_i \subseteq T\} |$$

对关联分析进行关联规则的挖掘算法通常分解为两个步骤：

第一步：发现项集频度满足预先定义的阈值最小支持度（minimum support count）的所有项集，这些项集称为频繁项集（frequent itemset）。

第二步：从第一步获取的所有频繁项集当中提取高置信度的规则，这些规则称为强规则（strong rule）。所谓的高置信度也是预先定义的一个阈值，强规则满足定义好的最小置信度。

例： 一个体育用品商店的简单购物数据说明关联分析的过程（见表8-2）。

表8-2　体育用品超市商店的购物记录

ID	网球拍	网　球	运动鞋	羽毛球
1	1	1	1	0
2	1	1	0	0
3	1	0	0	0
4	1	0	1	0
5	0	1	1	1
6	1	1	0	0

从数据表中可以看出，事务计数=6，项集I=｛网球拍，网球，运动鞋，羽毛球｝。对网球拍和网球进行关联规则挖掘：事务1，2，3，4，6包含网球拍，事务1，2，6同时包含网球拍和网球，可以计算出支持度$s=0.5$，置信度$c=0.6$，如果事先给定的支持度s的阈值为0.5，置信度c的阈值为0.6，那么我们就可以认为网球拍和网球之间存在强关联规则，解释说法就是购买网球拍的顾客通常也会同时购买网球。

关联分析在实际应用中产生的频繁项集数目会非常大，需要探索的项集空间一般都达到了指数级，所以需要有相应的高效算法来降低算法的时间复杂度，详细算法描述流程及实现将在第4章介绍。实际应用当中还有更多比超市购买更复杂的问题，学者们也做了许多研究从各个方向对关联规则进行拓展，将更多的技术混合到关联规则挖掘技术之中，使得关联规则的覆盖面进一步扩大。如考虑数据集记录属性之间的类别层次关系，时态关系，多表挖掘等。近年来关于关联规则的研究主要集中于两个方向，即如何扩大经典关联分析算法解决问题的范畴，提高经典关联分析挖掘算法的效率和规则实用性。

3）聚类

20世纪80年代，Everitt关于聚类给出了以下定义：在同一个类簇中的数据样本是相似的，而在不同的类簇中的样本是不同的，而且分别处于两个类中的数据间的距离要大于一个类中的两数据之间的距离。计算相异和相似度的方法是基于对象的属性值，常运用距离作为度量方式。

数据挖掘中，聚类与分类既有联系又有区别，被称为无监督分类，而分类分析是有监督分类。

高效的聚类算法需要满足两个条件：① 簇类的样本相似度高；② 簇间的相似度低。一个聚类算法采用的相似度度量方法以及如何实现很大程度上影响着聚类质量的好坏,且与该算法是否能发现潜在的模式也有一定的关系。

（1）聚类的一般过程。

① 数据的准备：这一阶段是将数据的特征进行标准化处理和降低数据的维数;

② 特征选择：这一阶段是剔除多余的信息,减少信息量的过程,尽量的选择出所有有用的特征;

③ 特征提取：这一阶段是把上一步的特征进行转换,使之能够成为进行下一步聚类所用的特征;

④ 聚类：这一阶段需要选取某种适当的相似性度量（一般采用欧几里得距离）,然后选择合适的算法进行聚类的划分;

⑤ 效果评估：这一阶段主要是指对上一阶段得到的聚类结果进行评估,评估主要有外部有效性、内部有效性和相关性测试评估三种方式。

（2）相似性度量。

聚类分析是依据对象两两之间的相似（或差异）程度来划分类的,而这相似程度通常是用距离来衡量的。运用最广泛的距离计算公式是欧几里得距离（Euclidean distance）,公式如下：

$$d(i, j) = \sqrt{\sum_{k=1}^{p} |x_{ik} - x_{jk}|^2}$$

其中,$i = (x_{i1}, x_{i2}, \cdots, x_{ip})$,$j = (x_{j1}, x_{j2}, \cdots, x_{jp})$。曼哈顿（Manhattan）距离是另一个常见的距离公式,公式如下：

$$d(i, j) = \sum_{k=1}^{p} |x_{ik} - x_{jk}|$$

欧几里得距离和曼哈顿（Manhattan）距离是闵可夫斯基（Minkowski）距离的两个特例。闵可夫斯基距离的公式如下：

$$d(i, j) = \left(\sqrt{\sum_{k=1}^{p} |x_{ik} - x_{jk}|^r} \right)^{1/r}$$

由此可知,若 $r = 1$,则它就是曼哈顿距离公式;若 $r = 2$,则它就是欧几里得距离公式。

（3）准则函数。

聚类的目的是使类内的相似性高,而类间的相似性低。聚类结果的质量可以由聚类准则函数来判断,若准则函数选的好,质量就会高,反之,质量达不到要求时,则须反复运行聚类过程。一般的聚类准则函数有以下三种：

① 误差平方和准则：

当各种样本较密集,且数量相差不大时,误差平方和准则可以获得良好的聚类结果。函数定义如下：

$$J_c = \sum_{i=1}^{c} \sum_{k=1}^{m_i} \| x_k - m_j \|^2$$

式中，m_j 是类型 w_j 中样本的平均值，其计算方法如下：

$$m_j = \frac{1}{n_j} \sum_{j=1}^{n_j} x_j, \, j = 1, \, 2, \, \cdots, \, c$$

式中，m_j 是 c 个集合的中心，可以代表 c 个类型。J_c 表示最终的误差平方和。若 J_c 的值小，则表示聚类结果好，也就是误差小。

② 加权平均平方距离和准则：

$$J_j = \sum_{j=1}^{c} P_j S_j^*$$

式中的 S_j^* 的公式如下：

$$S_j^* = \frac{2}{n_j(n_j - 1)} \sum_{x \in X_j} \sum_{x' \in X_j} \| x - x' \|^2$$

式中，x_j 中的样本数量为 n_j，x_j 中的样本互相组合共有 $\dfrac{n_j(n_j - 1)}{2}$ 种。$\sum\limits_{x \in X_j} \sum\limits_{x' \in X_j} \| x - x' \|^2$ 是所有样本间的距离之和。

③ 类间距离和准则：

$$J_{b_1} = \sum_{j=1}^{c} (m_j - m)^T (m_j - m)$$

加权类间距离和准则：

$$J_{b_2} = \sum_{j=1}^{c} P_j (m_j - m)^T (m_j - m)$$

式中，$m_j = \dfrac{1}{n} \sum\limits_{j=1}^{n_j} x_j, \, j = 1, \, 2, \, \cdots, \, c$，$m = \dfrac{1}{n} \sum\limits_{k=1}^{n} x_k$，$P_j = \dfrac{n_j}{n}$，$P_j$ 是类型 w_j 的先验知识概率。

上述公式表示不同类间的分离程度，因此，J_b 的值越小，说明类间的差别程度越小，聚类效果越差。

（4）数据挖掘中的聚类分析方法。

① 基于划分的方法。

假设一个数据集总共有 n 个对象，要生成 k 个类，且 $k \leqslant n$。起初划分 k 个类，接着根据相应的规则，使得对象在各个类之间不断的移动，并且反复运算聚类中心，直到最终获得满足条件的 k 个划分。k 个划分中的每个划分都必须满足以下两个条件：一是每个类必须都是非空的；二是对每个对象而言，它只可能在某一个类，而不可能同时出现在两个类中。划分的准则是：相同类中的对象间的相似性尽量高，而不同的类的对象之间的相似性尽量低。基于划分的聚类算法快速、简单且有效，但也有某些不足之处；例如：容易陷入局部最优和对初始值敏感等。最常用的基于划分的算法有：K - means 算法和 K - 中心值算法等。

② 基于层次的方法。

基于层次的方法是将数据对象一层一层地进行分解，通常通过树状图来显示。层次的聚类方法包含两种,分别是分裂的方法,还有凝聚的方法。

③ 基于网格的方法。

该方法将数据空间创建成类似方块的网格结构且包含的网格数量一定,接着在这些网格上进行操作。该方法执行迅速,能够有效地处理大数据集,处理时间仅与划分的单元数量有关,与数据对象的数目不相关,并且输入数据的先后次序对聚类结果没有影响。

④ 基于密度的方法。

大多数划分方法的聚类是依据对象之间的距离,如此仅能处理球状簇,很难处理其他形状的簇。而基于密度的方法是依据对象的密度,解决了这一难题,其思想是:当某一区域的对象的密度高于设定的阈值,则将该区域内的对象合并到相近的聚类中。

习题

（1）什么是知识发现？什么是数据挖掘？它们有何关系？

（2）简述数据挖掘的基本过程。

（3）数据挖掘有哪些常用的方法和技术？

8.3　大数据处理

2011 年,麦肯锡全球研究所发布名为《大数据:创新、竞争和生产力的下一个前沿》的报告,提出了大数据概念。

我国高度重视大数据的应用和发展,2014 年 3 月,大数据首次出现在政府工作报告中,2007 年 1 月 17 日正式发布大数据产业发展规划。

大数据一词由英文 big date 翻译而来,大数据是指大小超出了传统数据库软件工具的抓取,存储管理和分析能力的数据群。

大数据的目标,不在于掌握庞大的数据信息,而在于对这些含有意义的数据进行专业化处理,换言之,如果把大数据比作一种产业,那么这种产业盈利的关键,提高对数据的加工能力,通过加工实现数据的增值,大数据是为解决巨量复杂数据而生的,巨量复杂数据有两个核心点,一个是巨量、一个是复杂。巨量,意味着数据量大,要实时处理的数据越来越多,一旦在处理巨量数据上耗费的时间超出了可承受的范围,将意味着企业的策略落后于市场,复杂意味着数据是多元的,不再是过去的结构化数据了,必须针对多源数据重新构建一套有效的理论和分析模型,甚至分析行为,所依托的软硬件都必须进行革新。

大数据的特征,大数据主要具有以下四个方面的典型特征,volume（大量）、variety（多样）、value（价值）、velocity（高速）,这四个典型特征通常称为大数据的“4V”特征。

（1）数据体量巨大。大数据的特征首先就体现为数据体量大,随着计算机深入到人类生活的各个领域,数据基数在不断增大,数据的存储单位经常过去的 GB 级升级到 TB 级,再到 PB 级,EB 级甚至 ZB 级,要知道每一个单位都是前面一个单位的 2^{10} 倍。

（2）数据类型多,广泛的数据来源决定了大数据形式的多样性,相对于以往的结构化数据非结构化数据越来越多,包括网络日志音频视频图片地理位置信息的这一类数据的大小内容格式用途可能完全不一样,对数据的处理能力提出了更高的要求,而半结构化数据就是基于完全结构化数据和完全非结构化数据之间的数据,具体也没有文档就属于半结构化数据,它一般是自描述的,数据的结构和内容混在一起,没有明显的区分。

（3）价值高,但价值密度低,价值密度的高低与数据总量的大小成反比,相对于特定的应用大数据关注的非结构化数据的价值密度偏低,如何通过强大的算法更迅速的完成数据的价值提纯,成为目前大数据背景下期待解决的难题,最大的价值在于通过从大量不相关的各种类型数据中,挖掘出对未来趋势与模式预测分析有价值的数据,发现新规律和新知识。

（4）处理速度快,数据的增长速度和处理速度是大数据高速性的重要体现,预计到2020年全球数据使用量将达到35.2 ZB,对于如此海量的数据,必须快速处理分析并返回给用户,才能让大量的数据得到有效的利用,对不断增长的海量数据进行实时处理,是大数据与传统数据处理技术的关键差别之一。

大数据技术架构,包含各类基础设施支持底层计算资源,支撑着上层的大数据处理,底层主要是数据采集数据存储阶段上层则是大数据的计算处理挖掘与分析和数据可视化的阶段。

基础设施支持,大数据处理需要拥有大规模物理资源的云数据中心和具备高效的调度管理功能的云计算平台的支撑。云计算平台可分为三类:以数据存储为主的存储型云平台;以数据处理为主的计算型云平台;数据处理兼顾的综合云计算平台。

数据采集,有基于物联网传感器的采集,也有基于网络信息的数据采集,数据采集过程中的 etf 工具,将分布的异构数据源中的不同种类和结构的数据抽取到临时中间层进行清洗转换分类集成,最后加载到对应的数据存储系统,如数据仓库和数据集市中成为联机分析处理数据挖掘的基础。

数据存储,云存储将存储作为服务,他将分别位于网络中不同位置的大量各型各类型各异的存储设备通过集群应用网络技术和分布式文件系统等集合起来协同工作,通过应用软件进行业务管理,并通过统一的应用接口对外提供数据存储和业务访问功能,现有的云存储分布式文件系统包括 gfs 和 htfs,目前存在的数据库存储方案有,sql,nosql 和 newsql。

数据计算分为离线批处理计算和实时计算两种,其中离线批处理计算模式最典型的应该是 Googlr 提出的 MapReduce 编程模型,Mapreduce 等核心思想就是将大数据并行处理问题分而制之,即将一个大数据通过一定的数据划分方法,分成多个较小的具有同样计算过程的数据块,数据块之间不存在依赖关系,将每一个数据块分给不同的节点去处理,最后再将处理的结果进行汇总。

实时计算,能够实时响应计算结果主要有两种应用场景:一是数据源是实时的不间断的,同时要求用户请求的响应时间也是实时的;二是数据量大无法进行预算单要求对用户请求实时响应的。运动过程中实时的进行分析,捕捉到可能对用户有用的信息,并把结果发送出去,整个过程中,数据分析处理,系统是主动的,而用户却处于被动接收的状态。数据的实时计算框架,需要能够适应流式数据的处理,可以进行不间断的查询,只要求系统稳定可靠,具有较强的可扩展性和可维护性,目前较为主流的,实时流计算框架,包括 StormSpark 和 Streming 等。

数据可视化,数据可视化是将数据以不同形式展现在不同系统中,计算结果需要以简单直观的方式展现出来,才能最终被用户理解和使用,形成有效的统计分析预测及决策应用到生产实践和取企业运营中,可视化能将数据网络的趋势和固有模式展现得更为清晰和直观。

大数据应用领域包括：政务大数据，金融大数据，城市交通大数据，医疗大数据，企业管理大数据等。

大数据的机遇与挑战，人类已经进入了大数据时代，互联网高速发展的背景下，在软硬件，大数据能够应用的领域十分广泛，在这种潜力完全发挥之前，必须先解决许多技术挑战，首先，大数据存在存储技术方面数据处理方面数据安全方面的诸多条，造成大数据相关专业人才供不应求，影响了大数据，快速发展，究其本质来看，都需要专业人才与解决，几次大数据的采集存储和管理方面都需要大量的基础设施和能源，需要大量的硬件成本和能耗，而在数据备份的过程中，由于数据的分散性，备份数据相当困难，同时从大数据中提取含有信息和价值的过程是相当复杂的，这就需要数据处理人员加强业务理解能力构建数据理解数据准备模型建立数据处理部署以及数据评估等流程。

此外，大数据还面临安全和隐私问题，目前有研究者提出了一些有针对性的安全措施，但是这些安全措施还远远不够。

最后，大数据及其相关技术会使 IT 相关行业的生态环境和产业链发生变革，这对经济和社会发展有很大影响，如果我们要获得大数据所带来的益处，就必须大力支持和鼓励解决这些技术挑战的基础研究。

8.3.1　大数据计算框架——MapReduce

MapReduce 是谷歌公司的一种分布式计算框架，或者支持大数据批量处理的编程模型，对于大规模数据的高效处理完全依赖于他的设计思想，其设计思想可以从三个层面来阐述：

（1）大规模数据并行处理，分而治之的思想，MapReduce 分治算法对问题实施的分而治之的策略，但前提是保证数据集的各个划分处理过程是相同的。数据块，不存在依赖关系，将采用合适的划分对输入数据集进行分片，每个分片交由一个节点处理，各节点之间的处理是并行进行的一个节点，不关心另一个节点的存在，与操作，最后将各个节点的中间运算结果进行排序归并等操作以归约出最终处理结果。

（2）MapReduce 编程模型，MapReduce 计算框架的核心是，其中 Map（映射）和 Reduce（归约）是借用自 Lisp 函数式编程语言的原语，同时其也包含了从矢量编程语言里借来的特性，通过提供 Map 与 Reduce 两个基本函数，增加了自己的高层并行编程模型接口。Map 操作，主要负责对海量数据进行扫描转换，以及必要的处理过程，从而得到中间结果，中间结果通过必要的处理并输出最终结果，这就是 Mapreduce 对大规模数据处理过程的抽象。

（3）分布式运行时环境，MapReduce 的运行时环境实现了诸如集群中节点间通信、督促检测与失效、恢复节点数据存储与划分任务调度以及负载均衡等底层相关的运行细则，这也使得编程人员更加关注应用问题与算法本身，而不必掌握底层细节就能将程序运行在分布式系统上。

MapReduce 计算框架，假设用户需要处理的输入数据是一系列的 key-value 对，在此基础上定义了两个基本函数干，Map 函数和 Reduce 函数干，编程人员则需要提供这两个函数的具体编程实现。

8.3.2　Hadoop 平台及相关生态系统

Hadoop 是 Apache 软件基金会旗下的一个大数据分布式系统基础架构，用户可以在不了解分布式底层细节的情况下,轻松地在 Hadoop 上开发和运行处理大规模数据的分布式程序,充分利用集群的威力进行存储和运算,可以说 Hadoop 是一个数据管理系统,作为数据分析的核心,汇集了结构化和非结构化的数据,这些数据分布在传统的企业数据栈的每一层,同时 Hadoop 也是一个大规模并行处理框架,拥有强大的计算能力,定位于推动企业级应用的执行。

Hadoop 被公认为是一套行业大数据标准开源软件,是一个实现了 MapReduce 计算模式的能够对海量数据进行分布式处理的软件框架,Hadoop 计算框架最核心的设计是 HDFS(Hadoop 分布式文件系统)和 MapReduce(Google MapReduce 开源实现)。HDFS 实现了一个分布式的文件系统,MapReduce 则是提供一个计算模型。Hadoop 中 HDFS 具有高容错特性,同时它是基于 java 语言开发的,这使得 Hadoop 可以部署在低廉的计算机集群中,并且不限于某个操作系统。Hadoop 中 HDFS 的数据管理能力,MapReduce 处理任务时的高效率以及它的开源特性,使其在同类的分布式系统中大放异彩,并在众多行业和科研领域中被广泛使用。

Hadoop 生态系统主要由 HDFS、YARN、MapReduce、HBase、Zookeeper、Pig、Hive 等核心组件构成,另外还包括 Flume、Flink 等框架,以用来与其他系统融合。

8.3.3　Spark 计算框架及相关生态系统

Spark 发源于美国加州大学伯克利分校的 AMP 实验室,现今,Spaark 已发展成为 Apache 软件基金会旗下的著名开源项目。Spark 是一个基于内存计算的大数据并行计算框架,从多碟带的批量处理出发,包含数据库流处理和图运算等多种计算方式,提高了大数据环境下的数据处理实时性,同时保证高容错性和可伸缩性。Spark 是一个正在快速成长的开源集群计算系统,其生态系统中的软件包和框架日益丰富,使得 spark 能够进行高级数据分析。

1)Spark 的优势

(1)快速处理能力,随着实施大数据的应用,要求越来越多,Hadoop MapReduce 将中间输出结果存储在 HDMS,但读写 HDMS 造成磁盘 I/O 频繁的方式,已不能满足这类需求。而 Spark 将执行工作流程抽象为通用的有向无环图(DAG)执行计划,可以将多任务并行或者串联执行,将中间结果存储在内存中,无需输出到 HDFS 中,避免了大量的磁盘 I/O。即便是内存不足,需要磁盘 I/O,其速度也是 Hadoop 的 10 倍以上。

(2)易于使用,spark 支持 java、Scala、Python 和 R 等语言,允许在 Scala、Python 和 R 中进行交互式的查询,大大降低了开发门槛。此外,为了适应程序员业务逻辑代码调用 SQL 模式围绕数据库加应用的架构工作方式大可支持 SQL 及 Hive SQL 对数据进行查询。

(3)支持流式运算,与 MapReduce 只能处理离线数据相比,spark 还支持实时的流运算,可以实现高存储量的具备容错机制的实时流数据的处理,从数据源获取数据之后,可以使用诸如 Map、Reduce 和 Join 的高级函数进行复杂算法的处理,可以将处理结果存储到文件系统数据库中,或者作为数据源输出到下一个处理节点。

(4)丰富的数据源支持,Spark 除了可以运行在当下的级 YARN 群管理之外,还可以读取 Hive、HBase、HDFS 以及几乎所有的 Hadoop 的数据,这个特性让用户可以轻易迁移已有的持久化层数据。

2)Spark 生态系统 BDAS

BDAS 是伯克利数据分析栈的英文缩写,AMP 实验室提出,涵盖四个官方子模块,即

Spark SQL.Spark Streaming,机器学习库 MLlib 和图计算库 Graphx 等子项目,这些子项目在 Spark 上层提供了更高层更丰富的计算范式。可见 Spark 专注于数据的计算,而数据的存储在生产环境中往往还是有 Hadoop 分布式文件系统 HDFS 承担。

（1）Spark。Spark 是整个 BDAS 的核心组件,是一个大数据分布式编程框架,不仅实现了 MapReduce 的算子 Map 函数和 Reduce 函数及计算模型,还提供更为丰富的数据操作,如 Filter、Join/goodByKey、reduceByKey 等。Spark 将分布式数据抽象为弹性分布式数据集（RDD）,实现了应用任务调度、远程过程调用（RPC）、序列化和压缩等功能,并为运行在其上的单层组件提供编程接口（API）,其底层采用了函数式语言书写而成,并且所提供的 API 深度借鉴 Scala 函数式的编程思想,提供与 Scala 类似的编程接口。Spark 将数据在分布式环境下分区,然后,将作业转化为有向无环图（DAG）,并分阶段进行 DAG 的调度和任务的分布式并行处理。

（2）Spark SQL。Spark SQL 的前身是 Shark,是伯克利实验室 Spark 生态环境的组件之一,它修改了 Hive 的内存管理、物理计划、执行三个模块,并使之能运行在 Spark 引擎上,从而使得 SQL 查询的速度得到 10 ~100 倍的提升。与 Shark 相比,Spark SQL 在兼容性方面性能优化方面,组件扩展方面都更有优势。

（3）Spark Streaming。Spark Streaming 是一种构建在 Spark 算框架,它扩展了 Spark 流式数据的能力,提供了一套高效可容错的准实时大规模流式处理框架,它能与批处理、即时查询放在同一个软件栈,降低学习成本。

（4）GraphX。GraphX 是一个分布式处理框架,它是基于 Spark 平台提供对图计算和图挖掘的简洁易用了丰富的接口,极大地方便了对分布式处理的需求。图的分布或者并行处理,其实是把图拆分成很多的子图,然后分别对这些子图进行计算,计算的时候可以分别迭代,进行分阶段的计算。对图视图的所有操作最终都会转换成其关联的表视图的 RDD 操作来完成,在逻辑上等价于一系列 RDD 的转换过程。GraphX 的特点是离线计算批量处理,基于同步的整体同步并行计算模型（BSP）模型,这样的优势在于可以提升数据处理的吞吐量和规模,但会造成速度上的不足。

（5）MLlib。MLlib 是构建在 Spark 上的分布式机器学习库,其充分利用 Spark 的内存计算和适合迭代型计算的优势,将性能大幅度提升,让大规模的机器学习的算法开发不再复杂。

8.3.4　流式大数据

Hadoop 等大数据解决方案,解决了当今大部分对于大数据的处理需求,但对于某些实时性要求很高的数据处理系统,Hadoop 则无能为力,对实时交互处理的需求催生了一个概念——流式大数据,对其进行处理计算的方式则称为流计算。

流式数据,是指由多个数据源持续生成的数据,通常也同时以数据记录的形式发送,规模较小。可以这样理解,需要处理的输入数据并不存储在磁盘或内存中,他们以一个或多个连续数据流的形式到达,即数据像水一样连续不断地流过。

流式数据包括多种数据,例如 Web 应用程序生成的日志文件、网购数据、游戏内玩家活动、社交网站信息、金融交易大厅、地理空间服务等,以及来自数据中心内所连接设备或仪器的遥测数据。流式数据的主要特点是数据源非常多、持续生成、单个数据规模小。

流式大数据处理框架如下:

（1）Storm。Storm 是一个免费开源的高可靠性的、可容错的分布式实时计算系统。利用 Storm 可以很容易做到可靠的处理无限的数据流,像 Hadoop 批量处理大数据一样,Storm 可以进行实时数据处理。Storm 是非常快速的处理系统,在一个节点上每秒钟能处理超过 100 万个元组数据。Storm 有着非常良好的可扩展性和容错性,能保证数据一定被处理,并且提供了非常方便的编程接口,使得开发者们很容易上手进行设置和开发。

Storm 有着一些非常优秀的特性,首先是 Storm 编程简单,支持多种编程语言,其次,支持水平扩展,消息可靠性。最后,容错性强。

（2）Spark Streaming。Spark Streaming 是 Spark 框架上的一个扩展,主要用于 Spark 上的实时流式数据处理。具有可扩展性高吞吐量可容错性等特点,是目前比较流行的流式数据处理框架之一,Spark 统一了编程模型和处理引擎,使这一切的处理流程非常简单。

（3）其他。目前比较流行的流式处理框架还有 Samza、Heron 等。这些处理框架都是开源的分布式系统,都具有可扩展性、容错性等诸多特性。

流式大数据框架的将成为实时处理的主流框架,比如新闻股票商务领域大部分数据的价值是随着时间的流逝而逐渐降低的,所以很多场景要求数据在出现之后必须尽快处理,而不是采取缓存成批数据再统一处理的模式流式处理框架,为这一需求提供了有力的支持。

8.3.5 大数据挖掘与分析

分析沙盒依靠收集多数据源的数据和分析技术,使得应用数据库内嵌处理的高性能计算成为可能,这种方式使得"由分析人员拥有",而非"由数据库管理员拥有",使得开发和执行数据分析模型的周期大大加快,另外分析沙盒可以装载各种各样的数据,例如互联网 Web 数据、元数据和非结构化数据,不仅仅是企业数据仓库中的典型结构化数据。

大数据分析的处理,机器学习、数据挖掘方面的算法是重要的理论基础。而对于这些常用的算法,目前已有许多工具库进行封装,以便在实际中进行调用或进一步扩展,目前比较主流的工具库有：Mahout、MLlib、TensorFlow。

Mahout 是 Apache 软件基金会旗下的一个开源项目提供了一些可扩展的机器学习领域经典算法的实现,主要有分类、聚类、推荐过滤、维数约减等,Mahout 可通过 Hadoop 库有效地扩展到云模型中。此外,Mahout 为大数据的挖掘与个性化推荐提供了一个高效引擎——Taste,该引擎基于 java 实现,可扩展性强。他对于一些推荐算法进行了,MapReduce 编程模式的转化,从而可以利用 Hadoop 进行分布式大规模处理。Taste 既实现了最基本的基于用户的和基于内容的推荐算法,同时提供了扩展接口,便于实现自定义的推荐算法。

MLlib 是 Spark 平台中对常用机器学习算法实现的可扩展库。它支持多种编程语言,包括 java、Scala、Python 和 R 语言,并且由于构建在 Spark 之上对大量数据进行挖掘处理时具有较高的运行效率。MLlib 支持多种机器学习算法,同时也包括相应的测试和数据生成器,目前包含的常见算法有：分类和回归、协同过滤、聚类、降维和特征抽取和转换、频繁模式挖掘、随机梯度下降等。

TensorFlow 最初是由 Google Brain 团队开发的深度学习框架和大多数深度学习框架一样,TensorFlow 是一个用 Pythhon API 编写,然后通过 C/C++引擎加速的框架。它的用途不止于深入学习,还有支持强化学习和其他机器学习算法的工具。主要应用于图像、语音、自然语言处理领域的学术研究,它暂时在工业界还没有得到广泛的应用。使用 TensorFlow 表示的计算可以在众多异构的系统上方便的移植,从移动设备如手机或者平板电脑到成千的 GPU 计算集群上都可以执行。

TensorFlow 使用的是数据流图的计算方式,使用有向图的节点和边共同描述数学计算。图中的节点代表数学操作,也可以表示数据输入输出的端点,同时表示节点之间的关系,传递操作之间使用多维数组(即张量,tensor),tensor 数据流图中流动。

主要参考文献

[1] 蔡自兴,徐光祐.人工智能及其应用[M].第四版.北京：清华大学出版社,2010.

[2] 蔡自兴,谢斌.机器人学[M].第三版.北京：清华大学出版社,2015.

[3] 戴汝为.人工智能[M].北京：化学工业出版社,2002.

[4] 陆汝钤.人工智能[M].北京：科学出版社,2000.

[5] 陆汝钤.世纪之交的知识工程与知识科学[M].北京：清华大学出版社,2001.

[6] Michuel W.多 Agent 系统引论[M].石纯一等译.北京电子工业出版社,2003.

[7] 史忠植.高级人工智能[M].第三版.北京：科学出版社,2011.

[8] 史忠植.知识发现[M].第二版.北京：清华大学出版社,2011.

[9] 史忠植.智能主体及其应用[M].北京：科学出版社,2000.

[10] 石纯一.黄昌宁.王家钦.人工智能原理[M].北京：清华大学出版社,1993.

[11] 涂序彦.人工智能及其应用[M].北京：电子工业出版社,1988.

[12] 马少平.朱小燕.人工智能[M].北京：清华大学出版社,2004.

[13] 陈世福.陈兆乾.人工智能与知识工程[M].南京：南京大学出版社,1997.

[14] 林尧瑞,马少平.工智能导论[M].北京：清华大学出版社,1989.

[15] 李凡长,等.人工智能原理、方法、应用[M].昆明：云南科技出版社,1997.

[16] 贾可荣,毛新军,张彦铎等.人工智能实践教程[M].北京:北京机械工业出版社,2016.

[17] 集智俱乐部.漫谈人工智能[M].北京：人民邮电出版社,2015.

[18] 高济.人工智能基础[M].北京:高等教育出版社,2008.

[19] 邵军力,等.人工智能基础[M].北京:电子工业出版社,2000.

[20] 廉师友.人工智能技术导论[M].西安:西安电子科技大学出版社 2002.

[21] 张仰森,黄改娟.人工智能教程[M].北京:高等教育出版社,2008.

[22] 王永庆.人工智能原理与方法[M].西安:西安交通大学出版社,1998.

[23] Tom MM,机器学习[M].曾华军,等译.北京:北京机械工业出版社,2003.

[24] 徐宗本,张讲社,郑亚林.计算智能中的仿生学:理论与算法[M].北京:科学出版社,2007.

[25] 王耀南.智能信息处理技术[M].北京:高等教育出版社,2003.

[26] 罗四维.大规模人工神经网络理论基础[M].北京:清华大学出版社,北方交通大学出版社,2004.

[27] Martin T.H,神经网络设计[M].戴葵等译.北京:机械工业出版社,2002.

[28] 陈京民,等.数据仓库与数据挖掘技术[M].北京:电子工业出版社,2002.

[29] Mehmed K.数据挖掘——概念、模型、方法和算法[M].闪四清等译.北京:清华大学出版社,2003.

［30］ 朱明.数据挖掘［M］.第二版.合肥:中国科学技术大学出版社,2010.

［31］ 张文修,等.粗糙集理论与方法［M］.北京:科学出版社,2001.

［32］ 王国胤.Rough 集理论与知识获取［M］.西安:西安交通大学出版社,2001.

［33］ 王伟.人工神经网络原理——入门与应用［M］.北京:北京航空航天大学出版社,1999.

［34］ 赵志勇.Python 机器学习算法［M］.北京:电子工业出版社,2017.

［35］ 黄安埠.深入浅出深度学习:原理剖析与 python 实践［M］.北京:电子工业出版社,2017.6.

［36］ 何克晶,阳义南编著.大数据前沿技术与应用［M］.广州:华南理工大学出版社,2017.

［37］ 赵刚.大数据技术与应用实践指南［M］.北京:电子工业出版社,2013.

［38］ 中国科学技术协会学术部.基于大数据和专家知识的人工智能前沿基础理论［M］.北京:中国科学技术出版社,2015

［39］ Pang-Ning Tan,Michael Steinbach,Vipin Kumar.范明,范宏建等译.数据挖掘导论(完整版)［M］.北京:人民邮电出版社,2011.

［40］ 李德毅,杜鹢.不确定性人工智能.［M］.北京:人民邮电出版社,2005.

［41］ Nello Cristianini,John Shawe-Taylor 著.李国正,王猛,曾华军译.支持向量机导论［M］.北京:电子工业出版社,2006.

［42］ Hinton, G. E., Osindero, S. and Teh, Y., A fast learning algorithm for deep belief nets. Neural Computation 18:1527－1554, 2006

［43］ Yoshua Bengio, Pascal Lamblin, Dan Popovici and Hugo Larochelle, Greedy LayerWise Training of Deep Networks, in J. Platt et al. (Eds), Advances in Neural Information Processing Systems 19 (NIPS 2006), pp. 153－160, MIT Press, 2007

［44］ Marc' Aurelio Ranzato, Christopher Poultney, Sumit Chopra and Yann LeCun Efficient Learning of Sparse Representations with an Energy-Based Model, in J. Platt et al. (Eds), Advances in Neural Information Processing Systems (NIPS 2006), MIT Press, 2007

［45］ 周志华.机器学习［M］.北京:清华大学出版社,2016.

［46］ Ian Goodfellow,Yoshua Bengio,Aaron Courville［M］.北京:人民邮电出版社,2017.

［47］ 赵刚.大数据:技术与应用实践指南［M］.北京:电子工业出版社,2016.

［48］ 何克晶,阳义南.大数据前沿技术与应用［M］.广州:华南理工大学出版社,2017.

［49］ 高新民,付东鹏.意向性与人工智能［M］.北京:中国社会科学出版社,2014.

［50］ 赵玉鹏.机器学习的哲学探索.［M］.北京:中央编译出版社,2013.

［51］ Nello Cristianini.支持向量机导论［M］.北京:电子工业出版社,2006.5

［52］ HAN Jia-we,i KAMBERM.数据挖掘概念与技术［M］.北京:机械工业出版社,2006.

［53］ 陈世福.陈兆乾.人工智能与知识工程［M］.南京:南京大学出版社,1997.

［54］ 左孝凌,等.离散数学［M］.上海:中国科学技术文献出版社,1982.

［55］ 佘玉梅,段鹏.人工智能及其应用.［M］.上海:上海交通大学出版社,2007.

［56］ Nilsson NJ. Artificial Intelligence:A New Synthesis［M］. Morgan Kaufmann, 1999.

［57］ Mitchell T M. Machine Learning［M］. New York:McGraw-Itill, 1997.

［58］ Russell S, Norvig P. Artificial Intelligence:A Modern Approach. New Jersey:Prentice-Hall, 1995.

［59］ Shi Zhongzhi. Principles of Machine Learning［M］. Beijing:International Academic Publishers, 1992.

［60］ Winston P H. Artificial Intelligence (Third Edition)［M］. Addison Wesley, 1992.

［61］ Zadeh L A. A new direction in AI:toward a computational theory of perceptions［J］. AI Magazine, Spring 2001:73－84.

［62］ John FS. Knowledge Representation:Logical, Philosophical, and Computational Foundation［M］.北京:机械工业出版社,2003.

［63］ Winston PH. Artificial Intelligence［M］. Addison_Wesley Pub Co,1984.